Islam El Hadj

Utilisation de la méthode des réseaux de neurones artificiels

Islam El Hadj

Utilisation de la méthode des réseaux de neurones artificiels

Élaboration d'une corrélation pour le coefficient de transfert de chaleur dans les évaporateurs à film liquide

Presses Académiques Francophones

Impressum / Mentions légales
Bibliografische Information der Deutschen Nationalbibliothek: Die Deutsche Nationalbibliothek verzeichnet diese Publikation in der Deutschen Nationalbibliografie; detaillierte bibliografische Daten sind im Internet über http://dnb.d-nb.de abrufbar.
Alle in diesem Buch genannten Marken und Produktnamen unterliegen warenzeichen-, marken- oder patentrechtlichem Schutz bzw. sind Warenzeichen oder eingetragene Warenzeichen der jeweiligen Inhaber. Die Wiedergabe von Marken, Produktnamen, Gebrauchsnamen, Handelsnamen, Warenbezeichnungen u.s.w. in diesem Werk berechtigt auch ohne besondere Kennzeichnung nicht zu der Annahme, dass solche Namen im Sinne der Warenzeichen- und Markenschutzgesetzgebung als frei zu betrachten wären und daher von jedermann benutzt werden dürften.

Information bibliographique publiée par la Deutsche Nationalbibliothek: La Deutsche Nationalbibliothek inscrit cette publication à la Deutsche Nationalbibliografie; des données bibliographiques détaillées sont disponibles sur internet à l'adresse http://dnb.d-nb.de.
Toutes marques et noms de produits mentionnés dans ce livre demeurent sous la protection des marques, des marques déposées et des brevets, et sont des marques ou des marques déposées de leurs détenteurs respectifs. L'utilisation des marques, noms de produits, noms communs, noms commerciaux, descriptions de produits, etc, même sans qu'ils soient mentionnés de façon particulière dans ce livre ne signifie en aucune façon que ces noms peuvent être utilisés sans restriction à l'égard de la législation pour la protection des marques et des marques déposées et pourraient donc être utilisés par quiconque.

Coverbild / Photo de couverture: www.ingimage.com

Verlag / Editeur:
Presses Académiques Francophones
ist ein Imprint der / est une marque déposée de
OmniScriptum GmbH & Co. KG
Heinrich-Böcking-Str. 6-8, 66121 Saarbrücken, Deutschland / Allemagne
Email: info@presses-academiques.com

Herstellung: siehe letzte Seite /
Impression: voir la dernière page
ISBN: 978-3-8381-4505-1

Copyright / Droit d'auteur © 2014 OmniScriptum GmbH & Co. KG
Alle Rechte vorbehalten. / Tous droits réservés. Saarbrücken 2014

Table des matières

Introduction Générale 12

PARTIE I: ETUDE BIBLIOGRAPHIQUE 17

Chapitre I. *Les Evaporateurs A film liquide ruisselant sur un faisceau de tubes horizontaux (FFHTE)* 18

I.1. Introduction 18

I.2. Technique de dessalement MED 20

I.3. Les évaporateurs FFHTE 21

    I.3.1. Comparaison avec les différents types d'évaporateurs 21

    I.3.2. Principe de fonctionnement d'un FFHTE 23

    I.3.3. Ecoulement en film liquide dans un FFHTE 25

    I.3.4. Transfert de chaleur et de masse dans un FFHTE 28

    I.3.5. Disposition des tubes dans un FFHTE 29

I.4. Coefficient de transfert de chaleur par évaporation 30

    I.4.1. Effet du flux de chaleur Φ 30

    I.4.2. Effet du débit 31

    I.4.3. Effet de la température T 31

    I.4.4. Effet du diamètre du tube D_{ext} 32

    I.4.5. Effet du système d'alimentation (pulvérisateurs) 32

    I.4.6. Effet l'élévation de la source d'alimentation H 32

    I.4.7. Effet de l'écoulement de la vapeur 33

I.5. Méthodes de calcul de h 34

    I.5.1. Méthodes analytiques 34

    I.5.2. Méthodes empiriques 36

I.6. Conclusion 39

Chapitre II.   *Les Réseaux de Neurones Artificiels (RNA)* 41

II.1. Introduction 41

II.2. Historique 41

II.3. Principe de fonctionnement 42

    II.3.1.   Les composantes d'un réseau de neurones 42

    II.3.2.   L'approximation fonctionnelle 43

    II.3.3.   Notion d'apprentissage 47

    II.3.4.   L'apprentissage de Widrow-Hoff 48

    II.3.5.   Les différents types de réseaux de neurones 49

    II.3.6.   Le réseau de rétro-propagation 50

II.4. Application des RNA dans les transferts thermiques 52

    II.4.1.   Introduction 52

    II.4.2.   Développement de corrélation pour la TE 52

    II.4.3.   Méthodologie de construction du RNA 53

    II.4.4.   Résultats obtenus 57

    II.4.5.   Conclusion 58

PARTIE II: Elaboration du RNA pour le coefficient de transfert de chaleur dans les FFHTE à haute température 61

Chapitre III.   *Etude Expérimentale du FFHTE* 62

III.1. Introduction 62

III.2. Dispositif expérimental 62

    III.2.1.   Présentation de l'évaporateur utilisé 64

    III.2.2.   Instrumentation et mesures 65

III.3. Détermination expérimentale du coefficient de transfert de chaleur h ... 67

III.4. Planification des expériences (Plan d'expériences) 69

III.5. Résultats expérimentaux 70

    III.5.1. Préparation des données pour le RNA 70

    III.5.2. Influence de la température TBT 72

III.6. Conclusion 73

Chapitre IV. *Développement de l'outil RNA pour la modélisation du coefficient de transfert de chaleur* 75

    IV.1. Introduction 75

    IV.2. Méthodologie d'élaboration du RNA 75

    IV.3. Traitement initial des inputs et outputs du RNA, «preprocessing» ... 77

    IV.4. Optimisation de la structure du RNA 81

    IV.5. Choix de l'algorithme d'apprentissage 82

    IV.6. Choix de la fonction de modification des poids et biais 85

    IV.7. Critères d'arrêt du réseau 86

    IV.8. Problème de generalization 87

        IV.8.1. La méthode de régularisation 88

        IV.8.2. La méthode d'arrêt sur validation croisée, Early stop 89

    IV.9. Conclusion 90

Chapitre V. *Simulation du réseau de référence et discussion des résultats*   93

    V.1. Introduction 93

    V.2. Présentation de l'outil développé 93

    V.3. Simulation du réseau de référence 95

    V.4. Validation du nombre de neurones dans la couche cachée 98

    V.5. Sensibilité du réseau 100

        V.5.1. Sensibilité du réseau à la variation de nombre de neurones de la couche cachée 101

        V.5.2. Sensibilité du réseau à la variation de la valeur de la validation du réseau   103

V.6. Poids et Biais du réseau de référence 105

V.7. Comparaison entre les méthodes RNA et la Régression 110

V.8. Conclusion 111

Conclusion Générale 113

Références Bibliographiques: 117

Annexe:..121

Liste des figures

Figure I-1 Configuration type du procédé MED 20

Figure I-2. Principe de fonctionnement d'un FFHTE 23

Figure I-3. Différents écoulements dans un évaporateur FFHTE 24

Figure I-4. Transition entre les différents régimes d'écoulement 25

Figure I-5 Courbe d'ébullition avec le degré de sur-saturation, Kakac and Liu (1998) (écart de température entre la surface chauffée et l'eau) 28

Figure I-6 Disposition des tubes dans un évaporateur FFHTE 29

Figure I-7 Configuration géométrique d'un faisceau de tubes dans un FFHTE utilisé par Doosan 30

Figure I-8 Effet de la hauteur H sur coefficient de transfert h autour de la paroi externe d'une surface cylindrique horizontale lors de l'écoulement d un film tombant en phase de non ébullition. 33

Figure I-9 Régions du film tombant adoptée dans les modèles, et la distribution du coefficient de transfert de chaleur le long du périmètre surfacique selon les résultats expérimentaux, et des modèles d'auteurs distincts, Ribatski and Jacobi (2005) 34

Figure I-10 Influence du nombre de Reynolds sur le coefficient de transfert de chaleur, comparaison entre les différentes corrélations 38

Figure II-1 Analogie neurone formel neurone biologique 41

Figure II-2 Un Réseau de Neurones Artificiels constitué de quatre neurones en entrée, une couche cachée et quatre neurones en sortie 44

Figure II-3 Présentation de schéma d'identification d'une tumeur 45

Figure II-4 Structure d'un neurone 45

Figure II-5 Réseau de rétro propagation. 50

Figure II-6 Schéma d'apprentissage du réseau de neurone 51

Figure II-7 Structure du réseau de neurones utilisé, Tanvir and Mujtaba (2006) 54

Figure II-8 Comparaison entre les résultats issus du RNA développé par Tanvir and Mujtaba (2006) et des données expérimentales de Bromley et al. (1974) 58

Figure III-1 Dispositif expérimental utilisé pour l'étude de l'évaporateur FFHTE 63

Figure III-2 Faisceau de tubes utilisé pour les mesures d'entartrage et du coefficient de transfert de chaleur 64

Figure III-3 Résistances thermiques lors de l'écoulement en film liquide autour d'un tube horizontal 67

Figure III-4 Influence de la température TBT sur le coefficeint de transfert de chaleur 72

Figure IV-1 Structure du r&seau de neurone utilisé 82

Figure IV-2 Problème de sur-apprentissage des RNA 87

Figure IV-3 Résolution du problème de sur-apprentissage avec la régularisation 89

Figure IV-4 Résolution du problème de sur-apprentissage avec la validation croisée 90

Figure V-1 Vue générale sur l'outil informatique développé (pour Nu=f(Re, Pr, Q)) 94

Figure V-2 Graphique performance=f(itérations) 97

Figure V-3 Courbes de régression du réseau de référence 98

Figure V-4 Performance du réseau de référence à 12 neurones 99

Figure V-5 Performance du réseau de référence à 14 neurones 100

Figure V-6 Performance du réseau de référence en augmentant la valeur maximale du nombre de validation 105

Figure V-7 Comparaison entre les méthodes RNA et régression linéaire 111

Liste des tableaux

Tableau I-1 Conditions typiques pour le fonctionnement des unités MED 21

Tableau I-2. Comparaison entre les performances des évaporateurs utilisés dans le procédé 22

Tableau I-3 Transition entre les différents régimes, Mitrovic (1986) 27

Tableau I-4 Corrélations du coefficient de transfert pour des évaporateurs horizontaux à film tombant sur des surfaces cylindriques, Ribatski and Jacobi (2005) 37

Tableau II-1 Paramètres du réseau développé, Tanvir and Mujtaba (2006) 56

Tableau II-2 Données de Bromley utilisées dans lecalcul du RNA pour la TE, El-Dessouky and Ettouney (2002) 57

Tableau II-3 Biais et poids obtenus pour le RNA développé pour la TE,Tanvir and Mujtaba (2006) 58

Tableau III-1 Intervalle des paramètres de contrôle 65

Tableau III-2 Intervalles des paramètres de fonctionnement de l'unité expérimentale 69

Tableau III-3 Résultats expérimentaux obtenus 71

Tableau IV-1 Paramètres de référence du réseau à développer 76

Tableau IV-2 Données normalisées pour le développement du réseau 79

Tableau IV-3 Données normalisées pour le développement du réseau (suite) ... 80

Tableau IV-4 Moyennes et écarts-types des paramètres normalisés 80

Tableau IV-5 Différents algorithmes d'apprentissage utilisés par MATLAB 83

Tableau IV-6 Comparaison des algorithmes d'approximation de fonction 84

Tableau IV-7 Paramètres du RNA développé 91

Tableau V-1 Paramètres résultats de la simulation du réseau de référence (à 13 neurones) 96

Tableau V-2 Sensibilité du réseau de référence à la variation de nombre de neurones dans la couche cachée 102

Tableau V-3 Calcul de l'écart relatif de quelques paramètres 102

Tableau V-4 Impact du critère d'arrêt sur validation 104

Tableau V-5 Poids vers la couche cachée du réseau de référence 106

Tableau V-6 Poids vers la couche de sortie du réseau de référence 106

Tableau V-7 couche cachée du réseau de référence 107

Tableau V-8 Biais couche cachée du réseau de référence 107

Tableau V-9 Résultats obtenus à partir de la méthode RNA 108

Tableau V-10 Résultats obtenus à partir de la méthode RNA (suite) 109

Tableau V-11 Résultats de la régression linéaire 110

Nomenclature

Symbole	Désignation	Unité
a	Sortie d'un neurone	-
b	Biais du neurone	-
n	Nombre de données	-
N_{CL}	Nombre de tubes dans la première rangée du faisceau	-
w	Poids du neurone	-
x	Entrée du neurone	-
y	Sortie du neurone	-
f	Fonction de transfert	-
C_p	Chaleur massique	$J.Kg^{-1}.K^{-1}$
D	Diamètre du tube	m
g	Accélération de la pesanteur	$m.s^{-2}$
h	Coefficient de transfert de la chaleur	$W.m^{-2}.K^{-1}$
H	Elevation du système de distribution du film par rapport au faisceau	m
L	Longueur des tubes	m
L_v	Chaleur latentede vaporisation	$KJ.Kg^{-1}$
$\dot{m}$	débit masique	$Kg.s^{-1}$
p	Pression	Pa
T	Température	°C
U	Coefficient global de transfert de chaleur	$W.m^{-2}.K^{-1}$

Nombre Adimensionnés

Ar	Nombre d'Archimède	-
Pr	Nombre de Prandtl	-
Nu	Nombre de Nusselt	-
Re	Nombre de Reynolds	-

Caractères grecs

α	Facteur d'apprentissage	-
δ	Ecart type	-
η	Taux d'apprentissage du réseau	-
ξ	Caractérise la différence entre la sortie attendue et la sortie effective du neurone	-
λ	Conductivité thermique	$W.m^{-1}.C^{-1}$
ρ	Masse volumique	$Kg.m^{-3}$
ν	Viscosité dynamique	$m^2.s^{-1}$
μ	Viscosité dynamique	$Kg.m^{-1}.s^{-1}$
Γ	Débit massique linéique par côté du tube	$Kg.m^{-1}.-s^{-1}$
Φ	Flux de chaleur	$W.m^{-2}$
ΔT	Degré de sur-saturation	°C
ΔT_{LM}	Différence de température logarithmique moyen	°C

Indices

Symbole	Désignation
c	condensée
e	entrée
ext	externe
f	film liquide
i	intérieur
in	entrée
int	interne
k	itération k
l	liquide
moyen	moyenne
norm	normalisé
out	sortie
p	paroi du tube
sat	saturation
v	vapeur

INTRODUCTION GENERALE

Introduction Générale

Les évaporateurs à film liquide ruisselant sur un faisceau de tubes horizontaux appelés (FFHTE) dans la littérature anglo-saxonne (Falling Film Horizontal Tube Evaporators) sont largement utilisés dans plusieurs secteurs (pétrochimie, agroalimentaire, dessalement, etc.). En effet, ces échangeurs de chaleur présentent plusieurs avantages tels que des coûts de pompages relativement réduits (par rapport aux tubes immergés), coefficients de transfert de chaleur plus élevés, flexibilité, entretien facile, etc.

Notre équipe de recherche s'intéresse depuis quelques années à l'application de ces évaporateurs dans le dessalement de l'eau étant donné leurs divers avantages. En plus, ils peuvent fonctionner dans des conditions diverses:

- A basse température, et à pression atmosphérique, ce qui permet leur utilisation dans le procédé de dessalement par humidification et déshumidification de l'air (HD),

- Sous vide, et à haute température (le cas de distillation multiple effets, MED).

En dessalement, le procédé MED est, de loin, le procédé thermique le plus efficace (en termes de consommation énergétique), par ailleurs il présente un inconvénient majeur à savoir sa faible capacité (comparé au Multiflash MSF et l'Osmose Inverse RO). Ceci est dû à la limitation de sa température maximale de fonctionnement (TBT) qui ne doit pas dépasser 70°C pour des problèmes évidents d'entartrage, Glade and Al-Rawajfeh (2008). A cette température, le procédé a atteint sa limite de performances grâce à plusieurs améliorations réalisées, dont la plus importante est l'intégration d'un système de compression thermique de la vapeur TVC.

Plusieurs travaux de recherche tentent aujourd'hui d'augmenter la température de fonctionnement des unités MED en intégrant des solutions afin de minimiser les problèmes d'entartrage à haute température. L'augmentation de cette température TBT permettrait d'augmenter, d'une part, le nombre des effets de l'installation MED (et par la suite le rendement thermique GOR[1]), et d'autre part le coefficient de transfert de chaleur, Osman et al. (2009).

Deux solutions sont proposées pour la minimisation du dépôt de tartre: la première concerne le prétraitement de l'eau de mer en utilisant une unité de Nano-filtration (NF, malheureusement coûteuse), alors que la deuxième s'intéresse au développement d'antitartres performants à haute température.

Dans ce cadre, notre laboratoire a été invité à participer à un projet de coopération pour le développement d'une nouvelle génération d'évaporateur FFHTE fonctionnant à Haute Température. Ce projet a été appelé HT-MED (Hig Temperature MED). Les partenaires dans ce projets sont: (i) l'entreprise Sud Coréenne Doosan Heavy Industries and Cooperation (leader mondial dans le dessalement thermique), (ii) l'entreprise allemande BASF l'une des plus grandes compagnies au monde dans le domaine des produits chimiques et (iii) l'ENIT.

Doosan Heavy Industries est chargée du développement de l'industrialisation des nouveaux échangeurs FFHTE, BASF assure le développement du nouveau antitartre (Sokalan 260) alors que notre contribution porte sur le développement d'un nouveau outil pour la conception de ces échangeurs.

La précision de la conception d'un FFHTE dépend fortement du calcul du coefficient de transfert de chaleur. Une erreur à ce niveau peut être catastrophique car elle détermine la surface d'échange, et par la suite la production et le coût de l'évaporateur.

Un grand nombre de corrélations existent dans la littérature pour ce coefficient. Ribatski and Jacobi (2005) ont élaboré un état de l'art étendu comportant plus de cinquante corrélations existantes. Les auteurs ont conclu qu'une grande partie de ces corrélations sont spécifiques aux conditions dans les quelles elles étaient déterminées (configuration de l'évaporateur, matériaux, fluide utilisé, etc.). En plus, à notre connaissance aucun travail n'a été fait pour le développement de ce type de corrélation pour les FFHTE à haute température. Les mêmes auteurs mettent en évidence la limitation des méthodes utilisées, telles que la régression linéaire, pour le développement de ces corrélations. En effet, des écarts non négligeables ont été mis

---

[1] GOR : Gain Output Ratio = quantité de vapeur produite/quantité de vapeur consommée.

en évidences entre les résultats issus de ces corrélations et des données expérimentales obtenues dans les mêmes conditions.

Pour ces raisons, nous avons décidé de développer une nouvelle corrélation pour les évaporateurs FFHTE à haute température. Une boucle expérimentale a été mise en place au sein du site de Doosan dans la ville de Changwon en Corée du sud. Un grand nombre de tests ont été réalisés afin de générer un nombre suffisant de données pour le développement de la corrélation. Cette dernière a été élaborée en utilisant une approche basée sur les réseaux de neurones artificiels RNA. Tous les tests ont été réalisés avec le nouvel antitartre développé par la société BASF en utilisant un dosage élevé de huit ppm afin d'être sur de travailler dans des conditions de tubes propres.

L'utilisation des réseaux de neurones artificiels (RNA) dans tous les aspects de l'ingénierie comme la modélisation, la conception et le contrôle n'a cessé d'augmenter ces dernières années, Mujtaba and Husain (2001). Le développement récent des outils puissants et des algorithmes d'apprentissage pour les RNA a contribué à leur utilisation dans plusieurs domaines et ils sont devenus des outils importants pour résoudre des problèmes complexes.

Récemment, quelques chercheurs ont utilisé les RNA afin de corréler des coefficients de transfert de chaleur dans différentes applications (Sablani (2001), Jambunahatan et al. (1996), Scalbrin and Piaazza (2003), Islamoglu (2003), etc.). Ils ont obtenu de meilleurs résultats que l'approche traditionnelle utilisant la méthode de régression.

Dans ce travail de mastère nous avons établit un état de l'art, que nous espérons exhaustif, de tous les travaux réalisés sur le développement de corrélations pour les FFHTE. Nous avons mis l'accent sur les méthodologies utilisées pour l'obtention de ces corrélations. Nous avons également étudié le processus de développement d'un réseau de neurones artificiels. Une attention particulière a été portée au développement des RNA pour le développement de corrélations dans le domaine du transfert thermiques. Ce travail fera l'objet de la première partie de ce manuscrit contenant deux chapitres.

Dans la deuxième partie de ce travail nous avons contribué à la conception de la boucle expérimentale contenant un évaporateur FFHTE pouvant fonctionner à haute température, une chaudière, un condenseur, etc. Ce dispositif permet d'évaluer le coefficient de transfert de chaleur tout en contrôlant l'ensemble des conditions opératoires. La description détaillée du dispositif et de son instrumentation sera détaillée dans le troisième chapitre du présent rapport. Nous détaillons également dans ce chapitre la démarche utilisée pour la planification des expériences afin de fournir des données suffisantes et fiables pour les différentes étapes de l'élaboration du RNA (apprentissage, test et validation). Afin de valider l'objectif du travail (amélioration des performances en fonction de la température) nous avons analysé l'apport de l'augmentation de la température (par rapport au procédé classique MED). Les résultats obtenus montrent qu'une augmentation de la température TBT de 75°C à 90°C permet d'améliorer le coefficient de transfert de chaleur de 22%.

Le cœur de ce travail porte sur l'élaboration du réseau de neurones artificiels. Il s'agit tout d'abord de définir la structure optimale du réseau (nombre de couches, nombre de neurones par couche, fonction de transfert, etc.). Une fois la structure est fixée nous avons passé au développement d'un algorithme d'apprentissage. Dans ce travail, l'algorithme de Levenberg-Marquardt est choisi pour l'apprentissage du réseau, Hagan et al. (1996). Cet algorithme nécessite plus d'espace et ne converge pas rapidement comme d'autres algorithmes, par ailleurs il donne des valeurs plus proches des données expérimentales. La méthode Retro-propagation a été utilisée pour tester le réseau. Un code de calcul a été développé sur Matlab pour l'élaboration du réseau. L'outil Simulink de Matlab a été utilisé pour cet effet. Un ensemble de données a été utilisé pour la validation du réseau. Nous avons décidé de répartir ces données comme suit : 60% des données pour l'apprentissage, 20% pour les tests et 20% pour la validation. L'ensemble de ce travail est discuté au chapitre 4 de ce manuscrit.

Dans la dernière partie de ce travail, nous avons analysé les résultats issus des expériences et du modèle développé sur la base du RNA : étude de sensibilité, de précision, etc. Nous avons mis en évidence les paramètres qui influent le plus sur le coefficient de transfert de chaleur. L'ensemble des données expérimentales obtenues a été utilisé pour développer une deuxième corrélation en utilisant la méthode de régression linéaire. La validation du RNA montre qu'un écart maximal de 3% est observé entre les données expérimentales et celle générées par le modèle. Enfin, nous avons comparé entre les résultats issus des deux approches : régression linéaire et RNA. L'ensemble de ce travail est détaillé dans le dernier chapitre de ce manuscrit.

PARTIE I: ETUDE BIBLIOGRAPHIQUE

Chapitre I: *Les Evaporateurs FFHTE*

Chapitre II:*Les Réseaux de Neurones Artificiels (RNA)*

Chapitre I. Les Evaporateurs A film liquide ruisselant sur un faisceau de tubes horizontaux (FFHTE)

I.1. Introduction

Le dessalement d'eau est l'une des techniques les plus prometteuses de production non conventionnelles d'eau douce. En effet la capacité mondiale de production d'eau dessalée est passée de 100.000 m3/jour in 1970 à 6.800.000 m3/j en 2007 (GWI, 2010).

Les technologies actuelles de dessalement des eaux sont classées en deux catégories, selon le principe appliqué :

➢ Les procédés thermiques faisant intervenir un changement de phases : la congélation et la distillation (MSF 43,5% de la capacité mondiale, MED 6%).

➢ Les procédés utilisant des membranes: l'osmose inverse (43,5%) et l'électrodialyse.

Parmi les procédés précités, la distillation et l'osmose inverse sont des technologies dont les performances ont été prouvées pour le dessalement d'eau de mer. En effet, ces deux procédés sont les plus commercialisés dans le marché mondial du dessalement. Les autres techniques n'ont pas connu un essor important dans le domaine à cause de problèmes liés généralement à la consommation d'énergie et/ou à l'importance des investissements qu'ils requièrent.

Quel que soit le procédé de séparation du sel et de l'eau envisagé, toutes les installations de dessalement comportent 4 étapes:

✓ Une prise d'eau de mer avec une pompe et une filtration grossière,
✓ Un prétraitement avec une filtration plus fine, l'addition de composés biocides et de produits anti-tarte,
✓ Le procédé de dessalement proprement dit,
✓ Le post-traitement avec une éventuelle re-minéralisation de l'eau produite.

A l'issue de ces quatre étapes, l'eau de mer est rendue potable ou utilisable industriellement. Elle doit alors contenir moins de 0,5 g de sels par litre.

Dans les procédés de distillation, il s'agit de chauffer l'eau de mer pour en vaporiser une partie. La vapeur ainsi produite ne contient pas de sels, il suffit alors de condenser cette vapeur pour obtenir de l'eau douce liquide. Il s'agit en fait d'accélérer le cycle naturel de l'eau. En effet, l'eau s'évapore naturellement des océans, la vapeur s'accumule dans les nuages puis l'eau douce retombe sur terre par les précipitations. Ce principe de dessalement très simple a été utilisé dès l'antiquité pour produire de très faibles quantités d'eau douce sur les bateaux.

L'inconvénient majeur des procédés de distillation est leur consommation énergétique importante liée à la chaleur latente de vaporisation de l'eau. La transformer d'un kg d'eau liquide en 1 kg d'eau vapeur à la même température il faut environ 2250 kilojoules (si le changement d'état se fait à 100°C). Afin de réduire la consommation d'énergie des procédés industriels, des procédés multiples effets ou étages qui permettent de réutiliser l'énergie libérée lors de la condensation ont été mis au point.

Actuellement, deux procédés se partagent le marché de dessalement thermique: le procédé de distillation à détentes étagées (Multi-Stage Flash distillation ou MSF) et le procédé de distillation à multiples effets (Multi-Effect distillation ou MED).

Dans ce chapitre nous allons, dans un premier temps, présentés la technique de dessalement MED en mettant l'accent sur les évaporateurs à film tombant sur des tubes horizontaux, dit FFHTE. Nous détaillons dans cette partie les différents écoulements ayant lieu dans ce type d'échangeur et les grandeurs caractéristiques. Nous mettons l'accent sur les difficultés du calcul précis du coefficient de transfert de chaleur par évaporation h dans ces évaporateurs. Dans un second temps, nous présentons les corrélations disponibles pour le calcul de ce coefficient pour enfin conclure sur les performances des méthodes utilisées pour l'élaboration de ces corrélations et les voies d'amélioration.

I.2. Technique de dessalement MED

Le procédé MED a été développé par la société française SIDEM ainsi que par la société Israel Desalination Engineering LtD (IDE), El-Dessouky and Ettouney (2002). La Figure I-1 présente une configuration type du procédé MED utilisant des évaporateurs FFHTE disposés dans un arrangement en série pour produire, à travers des étapes répétitives d'évaporation et de condensation, chacune à une pression plus basse, une quantité multiple de distillat à partir de la vapeur.

De la vapeur, à partir des turbines à vapeur d'une centrale électrique ou une chaudière est introduite dans les tubes de la première cellule. Simultanément, l'eau salée d'alimentation est pulvérisée ou distribuée sur le faisceau de tubes. L'eau d'alimentation s'écoule en film liquide mince à l'extérieur des tubes chauffés et s'évapore. Par ailleurs, la vapeur se condense à l'intérieur des tubes.

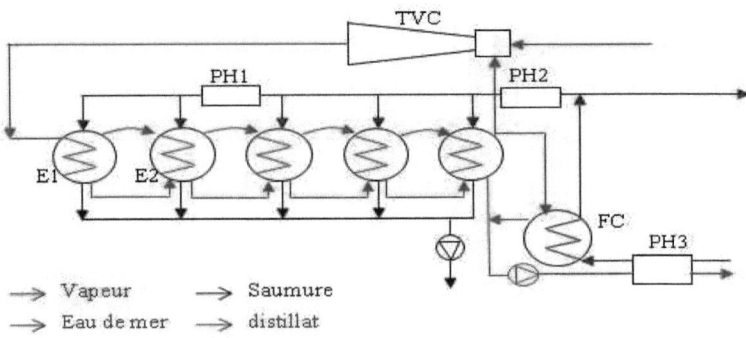

TVC: Compression Thermique de la Vapeur, Ei: Effet I, PH: Echangeur de chaleur, FC: Condenseur Final

Figure I-1 Configuration type du procédé MED

Le condensat récupéré dans le premier effet est pompé à la chaudière pour la réutilisation. La vapeur produite dans la dernière cellule est condensée dans un échangeur de chaleur appelé condenseur final qui est refroidi par de l'eau de mer d'alimentation. L'eau de mer est ainsi préchauffée dans cet échangeur.

Le distillat est extrait au moyen de la pompe de distillat. La partie de la saumure qui n'a pas été évaporée passe souvent dans le bassin de la cellule suivante où une partie s'évapore à la baisse de pression. La saumure restante est finalement déchargée dans la dernière cellule par la pompe de la saumure.

Le vide dans l'évaporateur est maintenu par un système d'éjection qui extrait les gaz incondensables présents dans la phase vapeur. Lorsqu'une pression de vapeur plus élevée est disponible l'installation peut être alimentée par une unité de compression thermique de la vapeur (TVC) afin d'accroître l'efficacité thermique. La vapeur produite dans la dernière cellule est partiellement ré-compressée dans un éjecteur de vapeur qui est alimenté par une vapeur haute pression. Ce mélange de vapeur est utilisé pour chauffer la première cellule. Les conditions de fonctionnement typiques des installations MED sont récapitulées dans le tableau I-1, Rezzazadeh et al. (2010).

Tableau I-1 Conditions typiques pour le fonctionnement des unités MED

Température de l'eau d'alimentation	40 - 70°C
Salinité de l'eau d'alimentation	35 - 70 g/kg
Débit linéique de l'eau d'alimentation	0,016 - 0,07 kg/s.m
Flux de chaleur	5000 - 10000 W/m^2
Nombre de Reynolds du film liquide	120 - 1100

I.3. Les évaporateurs FFHTE

Le développement industriel de ces évaporateurs date seulement d'une trentaine d'années. De tels évaporateurs sont constitués essentiellement de faisceau de tubes horizontaux chauffés de l'intérieur, généralement par un écoulement de vapeur. Le premier appareil a été testé dans les années 1960 sous l'égide de l'OSW (Office of Saline Water) au centre d'essais de Wrightsville Beach (Caroline du Nord, Etats-Unis). Les coefficients de transfert de chaleur se sont révélés très largement supérieurs à tous ceux obtenus par les technologies communes.

I.3.1. Comparaison avec les différents types d'évaporateurs

Plusieurs évaporateurs ont été utilisés dans le procédé de dessalement MED :

- ➢ Evaporateurs à double enveloppe oui a serpentin
- ➢ Evaporateurs à film tombant sur un faisceau de tubes verticaux courts

> Evaporateurs à film tombant sur un faisceau de tubes verticaux à grimpage
> Evaporateurs FFHTE

Le tableau I-2 résume les coefficients de transfert de chaleur par évaporation obtenus dans chaque type d'évaporateur. Ce tableau montre que les évaporateurs FFHTE présentent le coefficient de transfert de chaleur le plus élevé.

Tableau I-2. Comparaison entre les performances des évaporateurs utilisés dans le procédé

Type d'évaporateur	Coefficient h [$W.m^{-2}.K^{-1}$]	Référence
A double enveloppes	300-1200	Kakac and Liu (1998)
Tubes verticaux courts	2600	Robert and Green (1984)
Tubes verticaux longs	3000	Kister (1992)
FFHTE	3200-4000	Ribatski and Jacobi (2005)

Avec l'introduction de nouveaux matériaux dans les évaporateurs FFHTE (titanium, aluminium, etc.) plusieurs auteurs avancent aujourd'hui des coefficients de transfert de chaleur de 5800-7000 $W.m^{-2}.°C^{-1}$, El-Dessouky and El Touney (2001)

Le coefficient de transfert de chaleur élevé obtenu dans ce type d'évaporateur permet l'utilisation de très faibles différences de température par effet, c'est-à-dire l'obtention d'un taux de performance élevé tout en maintenant une température de fonctionnement relativement basse (environ 60°C-70°C). Cette faible température (TBT) a permis d'éliminer les problèmes d'entartrage et d'utiliser, pour les surfaces d'échange, des matériaux peu onéreux (aluminium par exemple pour l'IDE). La combinaison d'une surface d'échange peu coûteuse avec un taux de performance élevé à basse température rend le procédé MED particulièrement intéressant.

I.3.2. Principe de fonctionnement d'un FFHTE

L'évaporateur à film liquide ruisselant sur des tubes horizontaux (FFHTE) est un échangeur de chaleur qui permet l'évaporation d'un liquide s'écoulant sur des tubes horizontaux sous forme d'un film liquide.

Un tel évaporateur est constitué d'un distributeur de liquide, d'une calendre et d'un faisceau de tubes horizontaux. Le distributeur a pour rôle d'assurer un écoulement uniforme du liquide à évaporer sous forme d'un film dans la calendre, les tubes horizontaux sont parcourus par le fluide chaud (vapeur). La figure I.2 présente le principe de fonctionnement d'un FFHTE.

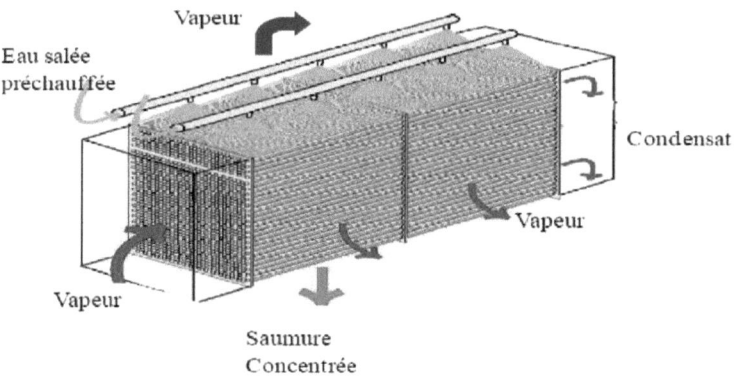

Figure I-2. Principe de fonctionnement d'un FFHTE

La valeur du coefficient de transfert de chaleur h par convection à travers le film liquide est fonction de la nature du fluide, de sa température, de sa vitesse et des caractéristiques géométriques de la surface de contact solide /fluide. Dans ce travail on s'intéresse à la détermination de ce coefficient.

L'évaporateur FFHTE donne lieu à deux convections : une entre le fluide chaud (vapeur) et les tubes par l'intermédiaire de la surface interne, où le fluide cède un flux de chaleur vers la paroi intérieure du tube. La température du fluide diminue progressivement, jusqu'à l'atteinte de la phase de condensation où elle devient constante (transformation de l'état gazeux à l'état liquide). Une fois la vapeur transformée à l'état liquide, la température diminue de nouveau.

L'autre convection a lieu entre le film liquide et la surface externe des tubes horizontaux ; les parois des tubes cèdent un flux de chaleur au film liquide, ce qui entraîne l'augmentation de la température de ce dernier. La vapeur de la couche liquide en contact direct avec la surface favorise à son tour l'échange entre le film et la paroi extérieure. A la fin de l'évaporation du film, on obtient de la vapeur dans la partie supérieure de la calendre et le résidu (fluide plus concentré) dans la partie inférieure.

L'utilisation de ce type d'évaporateur a connu un succès dans le domaine de dessalement, et il a été mis en évidence par le procédé de distillation à multiples effets (Multi- Effect distillation MED). En effet les évaporateurs multiples effets à tubes horizontaux arrosés (figure I.2) sont les appareils les plus utilisés actuellement.

Dans ces appareils le fluide de chauffage s'écoule dans les tubes horizontaux tandis que l'eau de mer à évaporer est arrosée de façon à s'écouler sous forme de film de la façon la plus uniforme possible sur l'extérieur des tubes (Figure I.3). La vapeur produite dans la calendre (enceinte cylindrique qui contient le faisceau de tubes) est ensuite renvoyée dans les tubes de l'effet suivant où elle cédera son énergie de condensation. Ces évaporateurs présentent un très bon coefficient d'échange grâce à l'écoulement en film de l'eau de mer. C'est la raison pour laquelle ils remplacent actuellement les plus anciens évaporateurs à faisceaux de tubes noyés dans lesquels les tubes étaient plongés dans l'eau de mer.

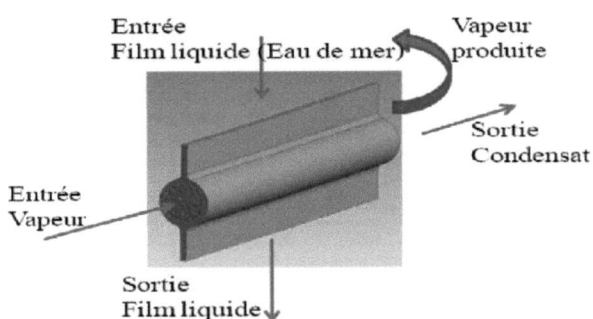

Figure I-3. Différents écoulements dans un évaporateur FFHTE

I.3.3. Ecoulement en film liquide dans un FFHTE

Le coefficient de transfert de chaleur par évaporation lors de l'écoulement en film autour d'un faisceau de tubes horizontaux dépend du régime d'écoulement qui conditionne le mouillage des tubes, les transferts de chaleur et de masse, etc. Mitrovic (1986) a mis en évidence trois régimes d'écoulements : en gouttelettes, jets et film continue (Figure I.4). La transition entre les trois régimes se fait en augmentant le débit du film liquide.

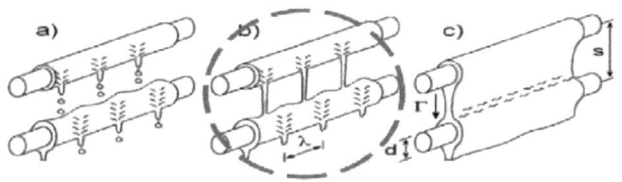

Figure I-4. Transition entre les différents régimes d'écoulement

a) Nombres adimensionnels

L'écoulement en film liquide est caractérisé par certains nombres adimensionnels. Les nombres adimensionnels sont des valeurs permettant de décrire une ou des caractéristiques physiques sans unité. L'avantage est donc d'avoir des résultats qui ne dépendent pas des valeurs des paramètres physiques mais plutôt du phénomène en lui-même.

Dans le cadre des transferts thermiques, il est fréquent d'utiliser les nombres suivants :

❖ **_Nombre de Reynolds :_**

Il caractérise le régime d'écoulement, et représente le rapport entre la force d'inertie et la force de viscosité. Appliqué au cas du film ruisselant sur la paroi d'un tube, on peut définir un nombre de Reynolds de film comme suit:

$$\mathrm{Re}_f = \frac{4\Gamma}{\mu_f} \qquad (1.1)$$

Avec :

μ_f : viscosité dynamique du film liquide en Pa.s

Γ : débit massique linéique par côté du tube en kg.m^{-1}.s^{-1}. Ce paramètre est exprimé par :

$$\Gamma = \frac{\dot{m}_f}{2.N_{CL}.L} \qquad (1.2)$$

$\dot{m}_f$: débit massique du film liquide en kg.s^{-1},

N_{CL} : nombre des tubes dans la première rangée du faisceau.

L : longueur des tubes.

❖ **_Nombre de Prandt :_**

Il représente le rapport entre la diffusivité de quantité de mouvement (ou viscosité cinématique) et la diffusivité thermique :

$$\mathrm{Pr}_f = \frac{Cp_f.\mu_f}{\lambda_f} \qquad (1.3)$$

Avec :

Cp_f : capacité calorifique du film liquide en J.kg^{-1}.K^{-1}.

λ_f : conductivité thermique du film liquide en W.m^{-1}.K^{-1}.

Enfin, les transferts convectifs sont caractérisés par le nombre de Nusselt :

❖ **_Nombre de Nusselt:_**

Il représente le rapport entre le transfert thermique par convection et le transfert par conduction.

$$Nu_f = h \left[\frac{v_f^2}{g \cdot \lambda_f^3} \right]^{1/3} \quad (1.4)$$

Avec :

h : coefficient de transfert de chaleur par convection à travers le film liquide $W.m^{-2}.K^{-1}$

v_f : viscosité cinématique du film liquide en $m^2.s^{-1}$

g : constante de pesanteur en $m.s^{-2}$

b) Transition entre les différents régimes d'écoulements

La transition entre les différents régimes (gouttes, jets, lames) se fait en augmentant le nombre de Reynolds du film liquide (ça revient à augmenter le débit). Le tableau I.3 résume les conditions de transitions entre les différents régimes.

Dans les évaporateurs FFHTE l'écoulement doit être maintenu en régime jets liquides. En effet, le régime en gouttes ne permet pas un mouillage parfait des tubes et provoque par la suite une perte de la surface de transfert de chaleur. En plus, un mouillage partiel des tubes engendre des problèmes d'entartrage réduisant les performances de l'évaporateur. Par ailleurs un écoulement en lames liquide bloque le passage de la vapeur entre les tubes et réduit par la suite la production de l'évaporateur.

Tableau I-3 Transition entre les différents régimes, Mitrovic (1986)

	N° de la transition	Re_f	Régime
Transition avec débit décroissant	4	592	Nappe/Nappe-jets
	3	428	Nappe-jets/Jets
	2	128	Jets/Gouttes-jets
	1	100	Gouttes-Jets/Gouttes
Transition avec débit croissant	1	111	Gouttes/Gouttes-jets
	2	132	Gouttes-Jets/Jets
	3	439	Jets/Jets-Nappe
	4	605	Jets-Nappe/Nappe

L'établissement complet d'une lame continue dans un évaporateur industriel se fait généralement pour un nombre de Reynolds voisin de 1200. Ainsi, le nombre de Reynolds dans un évaporateur FFHTE doit être maintenu entre 120 et 1100. Dans certains cas, de baisse de performances pour des raisons d'entartrage, le nombre de Reynolds peut éteindre une valeur de 2600, Rezzazadeh et al. (2010)

I.3.4. Transfert de chaleur et de masse dans un FFHTE

Afin de minimiser les problèmes d'entartrage sur les tubes le changement de phase dans un évaporateur FFHTE se fait par évaporation et non par ébullition. En plus, ce mode de changement de phase donne un coefficient de transfert de chaleur supérieur à celui obtenu pendant l'ébullition. Pour obtenir ce mode de changement de phase il faut maintenir un écart de température ΔT, entre le film liquide et les parois des tubes, inférieur à 5°C (voir Figure I.5).

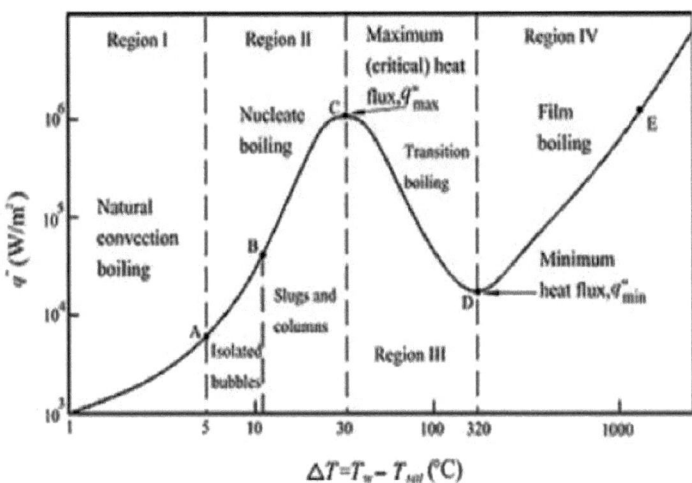

Figure I-5 Courbe d'ébullition avec le degré de sur-saturation, Kakac and Liu (1998) (écart de température entre la surface chauffée et l'eau)

Afin de maintenir cet écart de température en dessous du seuil des préchauffeurs (PH) sont installés sur le circuit de l'eau de mer en amont des évaporateurs (voir figure I.1). Ces échangeurs sont conçus afin d'élever la température l'eau de mer avant sa pulvérisation sur les tubes. En plus, réduire l'écart de température entre le liquide et les parois du tube permet d'améliorer la production de l'évaporateur. En effet, les premières rangées du faisceau sont utilisées pour ramener la température du film liquide à la saturation. La chaleur est perdue ainsi dans ces rangées sous forme de chaleur sensible (pas de production de vapeur). Augmenter la température de l'eau de mer permet ainsi de minimiser ces pertes.

I.3.5. Disposition des tubes dans un FFHTE

Deux configurations sont possibles pour la disposition de dans l'évaporateur FFHTE (Figure I.6): tubes alignés (type tubes R) ou en quinconce (type H ou V). Pour les évaporateurs fabriqués par Doosan c'est la deuxième configuration qui est utilisée avec un diamètre extérieur de 25,4 mm et un diamètre intérieur de 24 mm. Les tubes sont faits en alliage Cuivre-Nickel

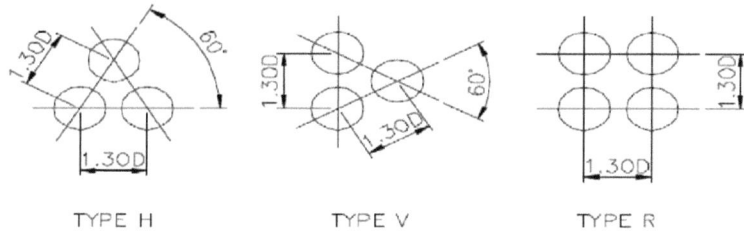

Figure I-6 Disposition des tubes dans un évaporateur FFHTE

La figure I.7 présente la configuration géométrique d'un faisceau de tubes horizontaux et les dimensions utilisées dans le calcul du nombre Re_f.

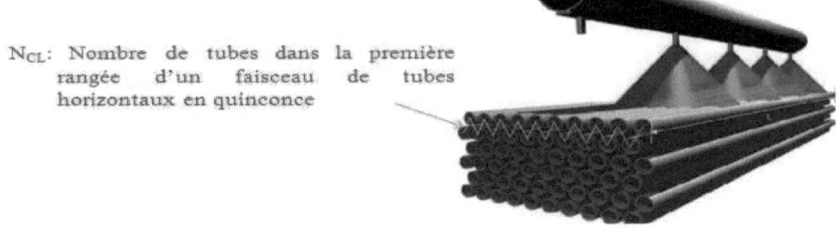

N$_{CL}$: Nombre de tubes dans la première rangée d'un faisceau de tubes horizontaux en quinconce

Figure I-7 Configuration géométrique d'un faisceau de tubes dans un FFHTE utilisé par Doosan

I.4. Coefficient de transfert de chaleur par évaporation

Le coefficient de transfert de chaleur par évaporation h caractérise les transferts thermiques par convection entre le film liquide s'écoulant en film et les parois des tubes. La détermination théorique de ce coefficient est très difficile, voire impossible, vu la complexité des écoulements ayant lieu (film en jets, gouttes, etc.) et le nombre important de paramètres influençant ce coefficient. Dans ce paragraphe, nous donnons un aperçu sur ces paramètres et de leur impact sur le coefficient h. Une grande partie des travaux de recherche a été consacrée au cas d'un tube horizontal isolé.

I.4.1. Effet du flux de chaleur Φ

Pour des surfaces parfaitement mouillées dans les conditions d'évaporation strictement convectives, le flux de chaleur Φ n'affecte pas le coefficient de transfert de chaleur h, Conti (1978). D'autre part, si une ébullition a lieu sur la surface des tubes à cause d'un écart de température élevé entre le film et les parois du tube (plus de 5°C) alors le coefficient de transfert thermique augmente avec le flux de chaleur, Zeng et al. (1995).

Ce comportement est dû à l'augmentation de la densité des sites de nucléation, ainsi que l'augmentation de la surface d'ébullition. Pour un flux de chaleur faible, les bulles sont nucléées à proximité de la partie inférieure du tube. En augmentant le flux de chaleur Φ, la nucléation commence à avoir lieu dans la partie supérieure du tube. A basse température, plusieurs chercheurs ont remarqué une forte dépendance entre le nombre de Nusselt Nu_f et le flux de chaleur Φ. Cette influence est tributaire des paramètres tels que l'angle de contact, la surface du matériau et sa rugosité. Toutefois, à notre connaissance, aucun travail concernant les effets possibles de ces paramètres sur le coefficient h n'a été rapporté, Ribatski and Jacobi (2005).

I.4.2. Effet du débit

Dans des conditions de convection, l'augmentation du débit $\dot{m}_f$ provoque une diminution du coefficient de transfert de chaleur h qui atteint un minimum pour augmenter par la suite. Ce comportement peut être expliqué par une augmentation de la quantité du liquide sur les tubes induisant à une résistance thermique supplémentaire. Une augmentation supplémentaire du débit engendre par la suite une transition d'un régime laminaire à un régime turbulent. Cette turbulence pourra expliquer l'augmentation du coefficient h.

Le changement du mode d'écoulement entre les tubes, (mode gouttelettes, jet ou lames) ainsi que l'assèchement partiel de la surface d'échange peuvent affecter le coefficient de transfert. En effet, Hu et Jacobi (1996) ont noté un accroissement de h avec le débit $\dot{m}_f$ en modes gouttelettes et jets.

I.4.3. Effet de la température T

La majorité des travaux trouvés dans la littérature montrent que le coefficient h augmente en général avec la température du fluide en mode évaporation convectif. Ce comportement peut être expliqué par la diminution de la viscosité du fluide en fonction de T engendrant la réduction de l'épaisseur du film. L'augmentation de h est visible sur tout le périmètre du tube et peut être corrélée par :

$$\frac{h(T_1)}{h(T_2)} = \left[\frac{\nu(T_1)}{\nu(T_2)}\right]^n \qquad (1.5)$$

I.4.4. Effet du diamètre du tube D_{ext}

Le diamètre externe du tube affecte le coefficient de transfert thermique car il change la longueur de la couche limite thermique ainsi que la longueur de la région d'empiètement du liquide, par rapport à la longueur du flux global $\pi D_{ext}/2$. En absence d'ébullition, ces régions sont caractérisées par un coefficient de transfert local h plus élevé, montrant une tendance décroissante avec le diamètre du tube, Parken et al. (1990). Par ailleurs, Liu (1975) n'a noté aucun effet du diamètre des tubes sur le coefficient h.

Contrairement à ces observations, une augmentation du coefficient h avec le diamètre a été mise sen évidence dans le cas où une ébullition est observée, Parken (1975). En effet, dans ces conditions la zone relative à l'ébullition active augmente avec le diamètre de la surface.

I.4.5. Effet du système d'alimentation (pulvérisateurs)

Le dispositif utilisé pour l'alimentation en film peut très bien influencer les performances de l'évaporateur. En général, le désalignement du dispositif d'alimentation avec les tubes ainsi qu'une mauvaise conception de ce dernier n'assurant pas un mouillage parfait des tubes engendre une décroissance significative du coefficient h.

I.4.6. Effet l'élévation de la source d'alimentation H

L'élévation de la source de la source d'alimentation du film par rapport aux tubes peut affecter le coefficient de transfert par le biais du mode d'écoulement ou bien à cause d'une augmentation de la vitesse d'admission. Une élévation de la hauteur H de la source peut aussi améliorer la distribution de l'écoulement et donc réduire les effets de désalignement, Chen and Kocamustafaogullari (1989). La figure I.8 montre l'influence de H sur le coefficient local h.

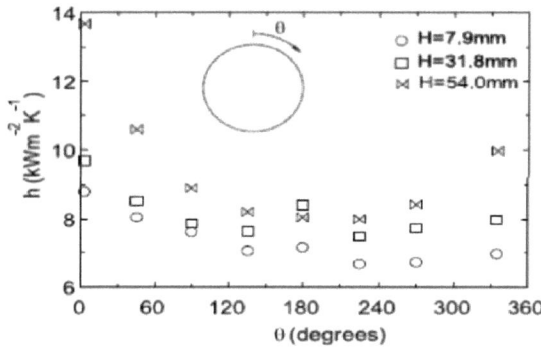

Figure I-8 Effet de la hauteur H sur coefficient de transfert h autour de la paroi externe d'une surface cylindrique horizontale lors de l'écoulement d un film tombant en phase de non ébullition.

I.4.7. Effet de l'écoulement de la vapeur

L'écoulement de la vapeur produite peut influencer la performance de l'évaporateur de plusieurs manières. D'une part cet écoulement a des effets négatifs sur h :

- changer le type de l'écoulement, encourager la déviation du courant liquide, atomisation des gouttelettes et leur glissement,

- l'écoulement de la vapeur peut causer une mal-distribution du fluide ce qui pourra engendrer un assèchement partiel ou local.

D'autre part, il peut avoir aussi des effets positifs pour h :

- l'amélioration des effets convectifs à la surface du film,

- changer le profil de la vitesse du film et encourager la création d'ondes à la sa surface, Garcia et al. (1992) ;

La direction du flux de vapeur, contrecourant, concourant ou turbulent peut impacter encore plus ces effets.

En parcourant ces divers paramètres, nous touchons à la complexité du phénomène et par conséquence à la difficulté d'estimer le coefficient de transfert h. Néanmoins, les théoriciens et les praticiens se sont efforcés pour mettre en place des règles et des méthodes pour le quantifier. Le paragraphe suivant discute les moyens les plus utilisés pour l'estimation de ce paramètre.

I.5. Méthodes de calcul de h

Deux types de méthodes sont utilisés pour l'estimation du coefficient de transfert de chaleur h : la première est analytique utilisant un ensemble d'hypothèses simplificatrices, la deuxième est empirique se basant sur un traitement de données expérimentales.

I.5.1. Méthodes analytiques

Un nombre de modèles ont été proposés pour la détermination du coefficient h. Typiquement, ces modèles classifient les flux et le transfert de chaleur, comme indiqué dans la figure I.9. Trois régions sont mises en évidence pour les transferts de chaleur: (i) région d'injection du film (jet impingement), (ii) région de développement de l'écoulement (thermal developing) et (iii) région de l'écoulement établi (fully developed).

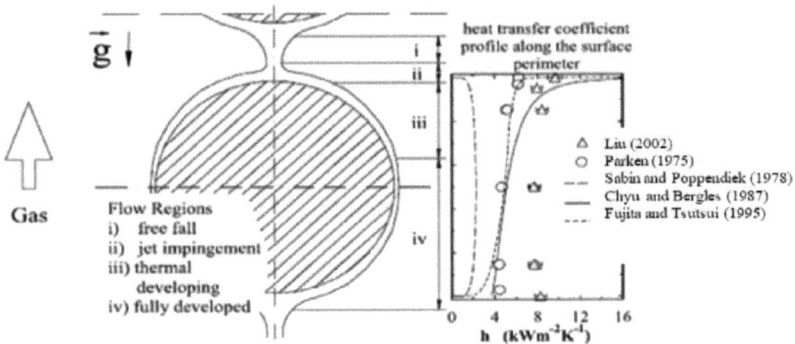

Figure I-9 Régions du film tombant adoptée dans les modèles, et la distribution du coefficient de transfert de chaleur le long du périmètre surfacique selon les résultats expérimentaux, et des modèles d'auteurs distincts, Ribatski and Jacobi (2005)

Les valeurs du Nusselt local (dans chaque région) sont obtenues par l'application des équations de la continuité, du moment et de l'énergie dans chacune des régions. Le film liquide a été supposé en régime laminaire à lames. Ribatski and

Jacobi (2005) montrent que des écarts non négligeables existent entre ces modèles et les données expérimentales.

En général, les écarts sont dus à

- la façon dont l'écoulement est classé (par exemple, les régions mentionnées ci- dessus),
- le modèle utilisé pour la région d'injection du film,
- les conditions initiales et aux limites,
- les modes du film tombant, et
- le régime d'écoulement (laminaire ou turbulent).

La figure I.9 montre les résultats expérimentaux relatifs à la variation du coefficient local h le long du périmètre su tube, Liu et al. (2002) et Parken (1975). Sur la même figure ont été reportés les résultats issus des modèles de Chyu and Bergles (1987), Sabin and Popendiex

(1978) et Fujita and Tsutsui (1995). L'examen de cette figure montre que les modèles de Chyu et Bergles (1987) et Fujita et Tsutsui (1995) s'écartent sensiblement des résultats des expériences de Liu et al. (2002). Des écarts importants peuvent être observés près du fond du tube en raison du fait que les effets de l'amélioration du transfert de chaleur dans cette région ne sont pas modélisés. Le modèle de Chyu et Bergles (1987) ne prédit pas la baisse de h près du fond du tube lié au fait que la région du développement entier n'est pas modélisée. Dans le cas des modèles de Sabin et Popendiex (1978), une baisse de la valeur des coefficients de transfert thermique peut être notée près du sommet du tube parce qu'ils ne considèrent que la région de développement thermique.

La revue de ces travaux montre la difficulté de la modélisation de des transferts thermique lors de l'écoulement d'un film liquide autour d'un tube isolé. L'extension de ces modèles pour un faisceau de tubes contenant des milliers de tubes horizontaux n'est pas faisable car on perdra d'avantage dans la précision. En plus, le temps de calcul sera extrêmement long rendant l'optimisation de la conception impossible. Pour ces raisons l'utilisation des corrélations empiriques est préférée dans ce cas.

I.5.2. Méthodes empiriques

En général, la plupart des travaux concernant le développement des corrélations pour le coefficient de transfert de chaleur h pour des FFHTE sont effectués pour des applications précises. Ainsi, ces corrélations sont validées pour des conditions expérimentales et dans des domaines bien précis. Etant donné la spécificité de ces données, l'exploitation des corrélations doit se faire avec une grande précaution à l'égard, d'une part, de l'espace des paramètres et, d'autre part, de la problématique d'extrapolation qui peut ne pas donner de bons résultats.

Pour le développement de ces corrélations les chercheurs utilisent les nombres adimensionnés définis dans le paragraphe (I.3.3.a). La grande partie de ces corrélations sont exprimées avec des équations de type, Ribatski andacobi (2005) :

$$Nu_f = a.\mathrm{Re}_f^b.\mathrm{Pr}_f^c \qquad (1.6)$$

Les coefficients a, b et c sont déterminés d'une manière empirique en utilisant la méthode des moindres carrées.

Ribatski et Jacobi (2005) ont recensé plus de 50 corrélations développées pour le coefficient h lors de l'écoulement d'un film liquide autour d'un tube isolé ainsi qu'un faisceau de tubes. Les corrélations les plus significatives ainsi que les conditions de leur obtention (fluide, régime, diamètre, etc.) sont récapitulées dans le tableau I.4.

Tableau I-4 Corrélations du coefficient de transfert pour des évaporateurs horizontaux à film tombant sur des surfaces cylindriques, Ribatski and Jacobi (2005)

	Correlation	Data bank	Comments
Chyu and Bergles (1987)	$Nu = 2.2(H/D_{ext})^{0.1}Re^{-1/3}$	Ammonia, single plain tubes	Laminar flow $Re < 1.680Pr^{-3/2}$
	$Nu = 0.185(H/D_{ext})^{0.1}Pr_f$		Turbulent flow $Re \geq 1.680Pr^{-3/2}$
Chyu and Bergles (1982)	$Nu = 0.0137(Re)^{0.349}Pr_f((s/D_{ext})^{0.158}/(1+\exp(-0.0032Re^{1.32})))$	Water, single plain tubes	$Re > 320$
Fletcher et al. (1975)	$Nu = 0.042Re^{0.15}Pr_f$	Water, single plain tubes	Strictly convective $D_{ext} = 25.4$ mm
	$Nu = 0.038Re^{0.15}Pr_f$		Strictly convective $D_{ext} = 50.8$ mm
	$Nu = 0.00082Re^{0.10}Pr_f\phi^{0.4}$		Boiling conditions $D_{ext} = 25.4$ mm
	$Nu = 0.00094Re^{0.10}Pr_f\phi^{0.4}$		Boiling conditions $D_{ext} = 50.8$ mm
Mitrovic (1986)	$Nu = 0.2071Re^{0.24}Pr_f Ar^{-0.111}$	Water, single plain tubes diameter effect according to [24]	Properties evaluated at film average temperature
Liu (1975)	$Nu = 0.113Re^{0.85}Pr_f Ar^{-0.27}(1+s/D_{ext})^{0.04}$	Water, ethylene glycol, mixture of water and ethylene glycol, single plain tubes	Droplet mode
	$Nu = 1.378Re^{0.42}Pr_f Ar^{-0.23}(1+s/D_{ext})^{0.08}$		Jet mode
	$Nu = 2.194Re^{0.28}Pr_f Ar^{-0.20}(1+s/D_{ext})^{0.07}$		Sheet mode
Tan et al. (1990)	$Nu = [Re^{-2/3} + aRe^{0.3}Pr_f]^{1/2}$	R-11, vertical row of horizontal tubes	Top tube $a = 0.008$ other tubes, $a = 0.010$
Rifert et al. (1989)	$Nu = 0.0568Re^{-0.0058}Pr_f(p_{sat}/p_{crit})^{0.323}(\phi D_{ext}/(T_{sat}-T_{sat})k_f)^{1.034}$	Ammonia, single 1575 fins m^{-1} tube	
Chyu and Bergles (1989)	$Nu = 0.03Re^{0.22}(\phi/h_{lv}\rho_v\rho_f(\nu/g)^{1/3})^{0.04}Pr_f(s/D_{ext})^{0.48}$	R-22, R-12 and R-113 on tubes vertically aligned	Strictly convective
	$h/k_l(\sigma/g(\rho_l-\rho_v))^{1/2} = 1.32 \times 10^{-3}(\phi/h_{lv}\rho_v\rho_f(\sigma/g(\rho_l-\rho_v))^{1/2})^{0.63} \times (p_{sat}/\sigma(\sigma/g(\rho_l-\rho_v)))^{1/2})^{0.72}Pr_f$		Boiling conditions
Rogers and Goindi (1995)	$Nu = 0.0495Re^{-0.00399}Pr_f(p_{sat}/p_{crit})^{0.261}(\phi D_{ext}/(T_{sat}-T_{sat})k_f)^{0.722}$	Ammonia, 3 by 3 square pitch	
Parken et al. (1990)	$Nu = 0.0678Re^{0.049}Pr_f\rho_T^{0.456}(\phi D_{ext}/(T_{crit}-T_{sat})k_f)^{0.704}$	Ammonia, 3-2-3 triangular-pitch	
Fujita and Tsutsui (1994)	$Nu = 0.041Re^{0.30}Pr_f Ar^{-0.04}$	Water on a vertical row of horizontal tubes	

L'examen de ce tableau montre que certaines corrélations utilisent le nombre adimensionné d'Archimède défini par :

$$Ar = \frac{D_{ext}^3 \cdot g}{\nu_f^3} \qquad (1.7)$$

On remarque bien que pour les corrélations développées dans des conditions d'ébullition il y a le terme flux de chaleur traduisant l'influence de ce dernier paramètre.

Afin de comparer entre ces corrélations nous les avons utilisées pour calculer le coefficient h dans différentes conditions (en faisant varier Ref pour une température du film de 70°C). Nous avons rapporté sur la figure I.10 les résultats de ce calcul : variation de h en fonction de Ref. En plus, nous avons rapporté sur la même figure quelques données expérimentales obtenues sur une unité MED testée en Corée, Rezzazadah et al. (2010).

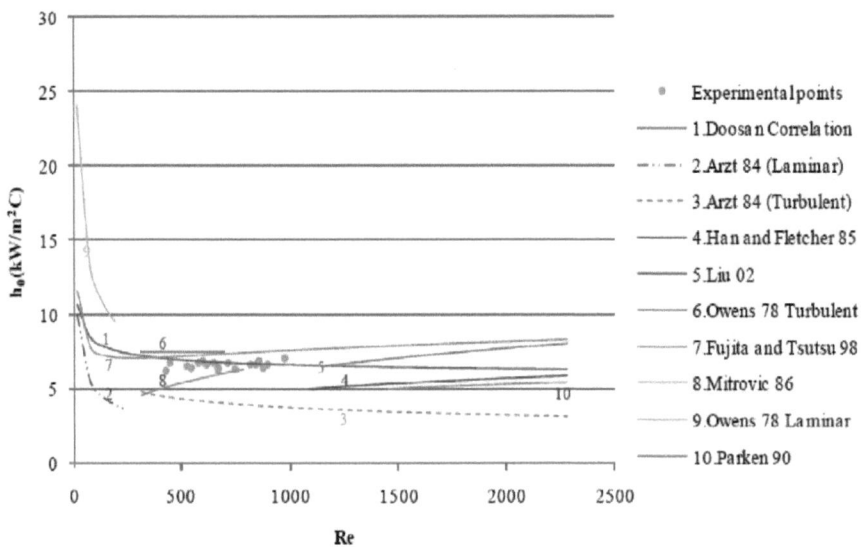

Figure I-10 Influence du nombre de Reynolds sur le coefficient de transfert de chaleur, comparaison entre les différentes corrélations

Les résultats obtenus montrent des écarts significatifs entre les corrélations disponibles. Par ailleurs, malgré la différence entre les corrélations, elles présentent toutes la même tendance. En effet, on remarque une décroissance significative du coefficient de transfert de chaleur en fonction du nombre de Reynolds Re_f en régime laminaire ($Re_f < 350$) et une légère augmentation en régime turbulent. Ceci peut être expliqué par l'augmentation de l'épaisseur du film liquide avec Re_f en régime laminaire et les turbulences qui apparaissent pour des nombres de Reynolds élevés.

En ce qui concerne le domaine de fonctionnement des FFHTE en MED, nous remarquons que les corrélations les plus proches des données expérimentales sont celles développées par Fujita and Tsutsu (1998), Owens (1978) et Doosan, Rezzazadeh et al. (2010). Toute fois ces corrélations donnent des écarts moyens relativement élevés (14,6% pour Fujita and Tustu (1998), 16,2% pour Owens (1978) et 9.8% pour Rezzazadeh et al. (2010)).

I.6. Conclusion

L'espace des paramètres pertinents pour le coefficient de transfert de chaleur par évaporation dans les évaporateurs à film tombant sur un faisceau de tubes horizontaux FFHTE est grand et complexe. En dépit de nombreuses études, même certains des mécanismes de base responsables du comportement de transfert de chaleur restent flous. En particulier, les conditions de nucléation ont besoin d'être mieux développées car l'apparition de l'ébullition nucléée et son impact sont masqués par les effets du débit, propriétés du fluide, la température et le flux de chaleur.

Plusieurs modèles se concentrant sur la prédiction de h ont été proposés. Cependant, en général, ils ne tiennent pas compte des: effets Marangoni, cisaillement, l'ondulation interfaciale et la nucléation. Les corrélations empiriques sont fortement dépendantes des conditions de fonctionnement spécifiques dans les quelles elles ont été développées. En plus, un grand soin doit être exercé en essayant de généraliser de telles relations.

L'examen approfondi de ces travaux montrent bien qu'aucune des corrélations mises au point ne peut être utilisée pour les FFHTE à haute température car les conditions expérimentales utilisées ne correspondent pas à celles de fonctionnement des évaporateurs développés.

Ainsi, il s'avère nécessaire de mener une nouvelle étude expérimentale dans les mêmes conditions de fonctionnement afin de développer cette nouvelle corrélation. En plus, afin d'améliorer la précision de ces corrélations nous avons décidé de faire appel aux réseaux ce neurones artificiels. Cette technique sera détaillée dans le chapitre suivant.

Chapitre II. Les Réseaux de Neurones Artificiels (RNA)

II.1. Introduction

Les réseaux de neurones sont composés d'éléments simples (ou neurones) fonctionnant en parallèle. Ces éléments ont été fortement inspirés par le système nerveux biologique (Figure II.1). Comme dans la nature, le fonctionnement du réseau (de neurone) est fortement influencé par la connexion des éléments entre eux. On peut entraîner un réseau de neurone pour une tâche spécifique (reconnaissance de caractères par exemple) en ajustant les valeurs des connections (ou poids) entre les éléments (neurone).

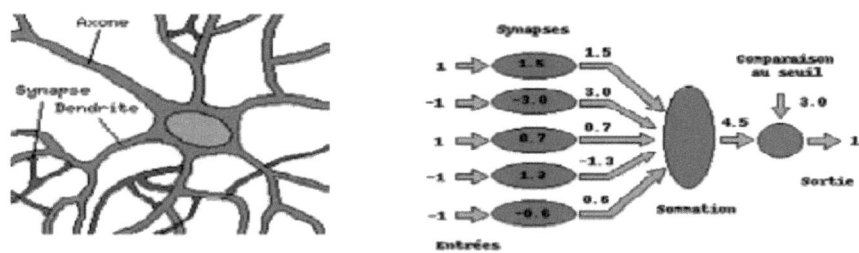

Figure II-1 Analogie neurone formel neurone biologique

II.2. Historique

Le champ des réseaux neuronaux a démarré par la présentation en 1943 par Mc Culloch et Pitti du neurone formel qui est une abstraction du neurone physiologique, Parizeau (2004). Le retentissement a été très important. Par cette présentation, ils ont essayé de démontrer que le cerveau est équivalent à une machine de Turing[2], la pensée devient alors purement des mécanismes matériels et logiques.

En 1949, Hebb présente une règle d'apprentissage à partir de laquelle de nombreux modèles de réseaux aujourd'hui s'inspirent, Hebb (1949).

En 1957, le modèle du perceptron est développé par Rosenblatt (1957). C'est un réseau de neurones inspiré du système visuel. Il possède deux couches de neurones : une couche de perception et une couche liée à la prise de décision. C'est le premier système artificiel capable d'apprendre par expérience.

Dans la même période, le modèle de L'ADALINE (ADAptive LINar Element) a été présenté par Widrow and Hoff (1960). Ce modèle a été, par la suite, le modèle de base des réseaux multicouches.

En 1969, Minsky et Papert publient une critique des propriétés du Perceptron. Cela a eu une grande incidence sur la recherche dans ce domaine. Cette dernière a fortement diminué jusqu'en 1977, où Kohonen présente ses travaux sur les mémoires associatives et propose des applications à la reconnaissance de formes, Kohonen (1977).

C'est en 1982 que Hopfield présente une étude d'un réseau complètement rebouclé, dont il analyse la dynamique, Hopfield (1982). Depuis cette date les RNA ont connu un développement fulgurant et ils sont aujourd'hui utilisés dans tous les domaines de l'ingénieurie.

II.3. Principe de fonctionnement

II.3.1. Les composantes d'un réseau de neurones

Un RNA se compose de neurones qui sont interconnectés de façon à ce que la sortie d'un neurone puisse être l'entrée d'un ou plusieurs autres neurones, Rumelhart and Mc.Clelland (1986).

---

[2] Une machine de Turing se résume à une tête de lecture comportant un nombre fini d'états internes et à un ruban. La puissance de l'analyse de Turing (1912-1954) tient au fait que sa tête de lecture ne lit qu'un seul symbole à la fois, et que cette lecture, associée à la table d'états adéquate, suffit à effectuer toutes les opérations possibles. La Machine de Turing est toutefois une machine imaginaire, abstraite, et idéale.

Rumelhart and Mc.Clelland (1986) donnent huit composants principaux d'un réseau de neurones:

- Un ensemble de neurones,
- Un état d'activation pour chaque neurone (actif, inactif, ..),
- Une fonction de sortie pour chaque neurone (y=f(S)),
- Un modèle de connectivité entre les neurones (chaque neurone est connecté à tous les autres, par exemple),
- Une règle de propagation pour propager les valeurs d'entrée à travers le réseau vers les sorties,
- Une règle d'activation pour combiner les entrées d'un neurone (très souvent une somme pondérée),
- Une règle d'apprentissage,
- Un environnement d'opération (le système d'exploitation, par exemple),

Le comportement d'un réseau et les possibilités d'application dépendent complètement de ces huit facteurs. Le changement d'un seul d'entre eux peut changer le comportement du réseau complètement.

Les réseaux de neurones sont souvent appelés des "boîtes noires" car la fonction mathématique qui est représentée devient vite trop complexe pour l'analyser et la comprendre directement. Cela est notamment le cas si le réseau développe des représentations distribuées, Rumelhart and McClelland (1986). Il s'agit de plusieurs neurones plus ou moins actifs contribuant à une décision. Une autre possibilité est d'avoir des représentations localisées, ce qui permet d'identifier le rôle de chaque neurone plus facilement. Par ailleurs, les réseaux de neurones ont une tendance à produire des représentations distribuées.

II.3.2. L'approximation fonctionnelle

Les Réseaux de Neurones Artificiels appliquent (Figure II.2), entre autre, le principe de l'approximation fonctionnelle. Ainsi, ils apprennent une fonction en regardant des exemples de la dite fonction. Un des exemples les plus simples est celui d'un Réseau de Neurones Artificiels apprenant la fonction XOR (OU-exclusif), mais il pourrait tout aussi bien apprendre à déterminer la langue d'un texte, ou la présence d'une tumeur dans une image passée au rayon-X.

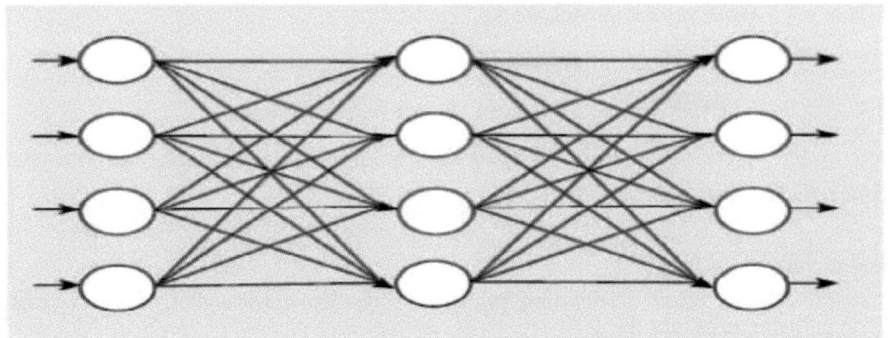

Figure II-2 Un Réseau de Neurones Artificiels constitué de quatre neurones en entrée, une couche cachée et quatre neurones en sortie

Si un Réseau de Neurones Artificiels est capable d'apprendre un problème, ce dernier doit être défini comme une fonction contenant un ensemble de variables d'entrée et de sortie supportées par des exemples qui illustrent la façon dont cette fonction devrait effectuer l'évaluation. Par exemple, les variables d'entrée d'un problème consistant à trouver une tumeur sur une image au rayon-X pourraient être les valeurs de pixels de l'image, mais elles pourraient également prendre d'autres valeurs extraites de l'image en question. Les données de sortie pourraient être soit une valeur binaire soit une valeur à virgule flottante représentant la probabilité de la présence d'une tumeur dans l'image. Dans les Réseaux de Neurones Artificiels, cette valeur à virgule flottante serait normalement comprise entre 0 et 1 inclus. (Voir Figure II.3).

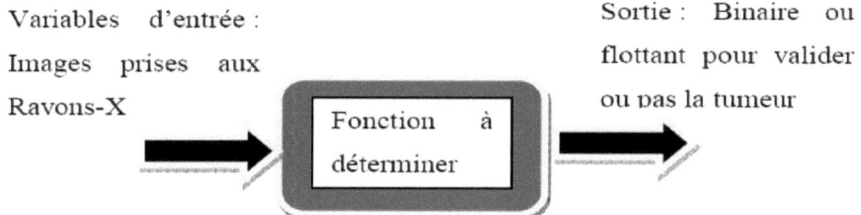

Figure II-3 Présentation de schéma d'identification d'une tumeur

Les neurones artificiels ressemblent à leurs congénères biologiques. Ils sont dotés de connexions en entrée qui s'ajoutent entre elles afin de déterminer la force de leur sortie, résultant de la somme injectée dans une fonction d'activation (Figure II.4).

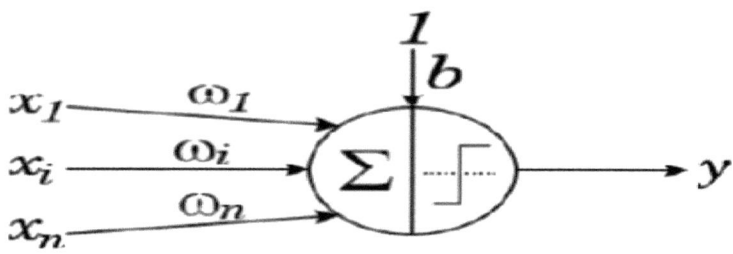

Figure II-4 Structure d'un neurone

La sortie du neurone y est alors donnée par l'expression suivante :

$$y = f\left(\sum_{i=1}^{n} w_i x_i + b\right) \quad (2.1)$$

Avec :

x_i : entrée du neurone ; w_i : poids du neurone ; b : biais du neurone et f la fonction de transfert.

Bien qu'il existe de nombreuses fonctions d'activation, la plus connue est la fonction d'activation sigmoïde dont la donnée de sortie est un nombre compris entre 0 (pour les valeurs d'entrée faibles) et 1 (pour les valeurs d'entrée élevées). Cette fonction est donnée par l'expression :

$$f(x) = \frac{1}{1+e^{-x}} \qquad (2.2)$$

La résultante de cette fonction est ensuite passée comme entrée pour d'autres neurones à travers un nombre plus élevé de connexions, chacune d'entre elles étant pondérée. Ces poids déterminent le comportement du réseau.

Dans le cerveau humain, les neurones sont connectés entre eux dans un ordre tout aussi aléatoire et envoient des impulsions de façon asynchrone. Si nous voulions modéliser un cerveau humain, il s'organiserait de la même façon qu'un Réseau de Neurones Artificiels. Cependant, comme nous voulons à l'origine créer un « approximateur fonctionnel », les Réseaux de Neurones Artificiels ne sont généralement pas organisés sur ce modèle. Lorsque nous créons des Réseaux de Neurones Artificiels, les neurones sont normalement ordonnés en couches pourvues de connexions les reliant entre elles. La première couche contient les neurones d'entrée et la dernière couche les neurones de sortie. Ces neurones d'entrée et de sortie représentent les variables d'entrée et de sortie de la fonction dont nous voulons nous rapprocher. Il existe entre les couches d'entrée et de sortie un nombre de couches cachées, et des connexions (ainsi que les poids) venant et sortant de ces couches cachées. Ces couches déterminent le degré de bon fonctionnement du Réseau de Neurones Artificiels.

Lorsqu'un Réseau de Neurones Artificiels apprend à se rapprocher d'une fonction, on lui montre des exemples illustrant la façon dont la fonction effectue l'évaluation et les poids internes au Réseau de Neurones Artificiels sont lentement ajustés afin de produire la même sortie montrée dans les exemples. On espère ainsi que, lorsqu'on montre au Réseau de Neurones Artificiels un nouvel ensemble de variables d'entrées, il produira une donnée de sortie correcte. Par conséquent, si un Réseau de Neurones Artificiels est censé apprendre à repérer une tumeur sur une image au rayon-X, il faudra lui montrer de nombreuses images au rayon-X contenant des tumeurs, et d'autres présentant des tissus sains. Après une période d'apprentissage à l'aide de ces images, les poids du Réseau de Neurones Artificiels devraient normalement contenir des informations lui permettant d'identifier positivement des tumeurs sur des images au rayon-X qu'il n'a pas vues au cours de son apprentissage.

II.3.3. Notion d'apprentissage

L'apprentissage d'un réseau de neurones signifie qu'il change son comportement de façon à lui permettre de se rapprocher d'un but défini. Ce but est normalement l'approximation d'un ensemble d'exemples ou l'optimisation de l'état du réseau en fonction de ses poids pour atteindre l'optimum d'une fonction économique fixée a priori.

Il existe trois types d'apprentissages principaux, Nielsen (1990):

- l'apprentissage supervisé,
- l'apprentissage non-supervisé et
- l'apprentissage par tentative, « graded training ».

On parle d'apprentissage supervisé quand le réseau est alimenté avec la bonne réponse pour les exemples d'entrées donnés. Le réseau a alors comme but d'approximer ces exemples aussi bien que possible et de développer à la fois la bonne représentation mathématique qui lui permet de généraliser ces exemples pour ensuite traiter des nouvelles situations (qui n'étaient pas présentes dans les exemples).

Dans le cas de l'apprentissage non-supervisé le réseau décide lui-même quelles sont les bonnes sorties. Cette décision est guidée par un but interne au réseau qui exprime une configuration idéale à atteindre par rapport aux exemples introduits. Les cartes auto-organisatrices de Kohonen sont un exemple de ce type de réseau, Kohonen (1982).

"Graded learning" est un apprentissage de type essai-erreur où le réseau donne une solution et est seulement alimenté avec une information indiquant si la réponse était correcte ou si elle était au moins meilleure que la dernière fois.

Il existe plusieurs règles d'apprentissage pour chaque type d'apprentissage. L'apprentissage supervisé est le type d'apprentissage le plus utilisé. Pour ce type d'apprentissage la règle la plus utilisée est celle de Widrow-Hoff. D'autres règles d'apprentissage sont par exemple la règle de Hebb, la règle du perceptron, la règle de Grossberg, etc., Parizeau (2004). Dans le présent travail nous avons opté pour la règle de Widrow-Hoff.

II.3.4. L'apprentissage de Widrow-Hoff

La règle d'apprentissage de Widrow-Hoff est une règle qui permet d'ajuster les poids d'un réseau de neurones pour diminuer à chaque étape l'erreur commise par le réseau de neurones (à condition que le facteur d'apprentissage soit bien choisi).

$$w_{k+1} = w_k + \alpha \, \xi_k \qquad (2.3)$$

où:

– w_k : le poids à l'instant k,

– w_{k+1} : le poids à l'instant k+1,

– α : le facteur d'apprentissage,

– ξ_k : caractérise la différence entre la sortie attendue et la sortie effective du neurone à l'instant k.,

– x_k : la valeur de l'entrée avec laquelle le poids w est associé à l'instant k.

Ainsi, si ξ_k et x_k sont positifs tous les deux, alors le poids doit être augmenté. La grandeur du changement dépend avant tout de la grandeur de ξ_k mais aussi de celle de x_k. Le coefficient α sert à diminuer les changements pour éviter qu'ils deviennent trop grands, ce qui peut entraîner des oscillations du poids.

Deux versions améliorées de cet apprentissage existent, la version "par lots" et la version "par inertie", Nielsen (1990). La première utilise plusieurs exemples pour calculer la moyenne des changements requis avant de modifier le poids et la deuxième empêche que le changement du poids au moment k ne devienne beaucoup plus grand qu'au moment k-1

II.3.5. Les différents types de réseaux de neurones

Plusieurs types de réseaux de neurones ont été développés dans des domaines d'application souvent très variés. Notamment trois types de réseaux sont bien connus:

- le réseau de Hopfield (et sa version incluant l'apprentissage, la machine de Boltzmann),
- les cartes auto-organisatrices de Kohonen,
- les réseaux multicouches de type rétro-propagation.

Le réseau de Hopfield (1982) est un réseau avec des sorties binaires où tous les neurones sont interconnectés avec des poids symétriques, c'est à dire que le poids du neurone N_i au neurone N_j est égal au poids du neurone N_j au neurone N_i. Les poids sont donnés par l'utilisateur. Une application typique de ce type de réseau est le problème du voyageur de commerce, où les poids représentent d'une part les distances entre les villes et d'autre part les contraintes qui assurent la visite de chaque ville une fois et une seule. Les poids et les états des neurones permettent de définir « l'énergie » du réseau. C'est cette énergie que le réseau tente de minimiser pour trouver une solution. La machine de Boltzmann est en principe un réseau de Hopfield, qui permet l'apprentissage grâce à la minimisation de cette énergie.

Les cartes auto-organisatrices de Kohonen (1982) sont utilisées pour faire des classifications automatiques des vecteurs d'entrée. Une application typique pour ce type de réseau de neurones est la reconnaissance de parole, Leinonen et al. (1991).

Les réseaux multicouches de type rétro-propagation sont les réseaux les plus puissants des réseaux de neurones qui utilisent l'apprentissage supervisé. C'est ce type de réseau qui a été utilisé dans le présent travail.

II.3.6. Le réseau de rétro-propagation

Un réseau de type rétro-propagation se compose d'une couche d'entrée, une couche de sortie et zéro ou plusieurs couches cachées, Rumelhart and McClelland (1986). Les connections sont permises seulement d'une couche inférieure (plus proche de la couche d'entrée) vers une couche supérieure (plus proche de la couche de sortie). Il est aussi interdit d'avoir des connections entre des neurones de la même couche (Figure II.5).

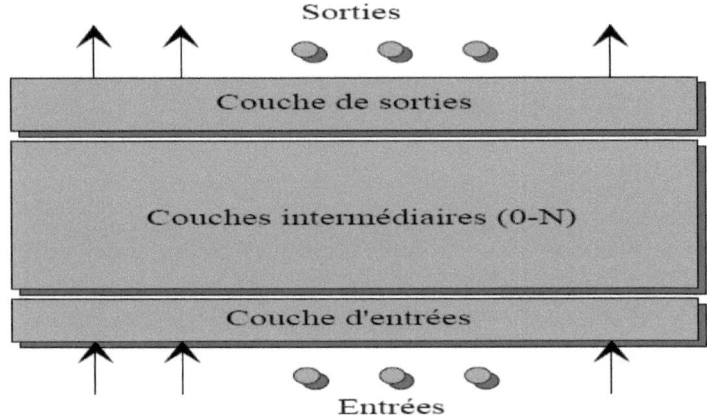

Figure II-5 Réseau de rétro propagation.

La couche d'entrée sert à distribuer les valeurs d'entrée aux neurones des couches supérieures, éventuellement multipliées ou modifiées d'une façon ou d'une autre. La couche de sortie se compose normalement des neurones linéaires qui calculent seulement une somme pondérée de toutes ses entrées. Les couches cachées contiennent des neurones avec des fonctions d'activation non-linéaires, (normalement la fonction sigmoïde).

Nielsen (1990) a prouvé qu'il existe toujours un réseau de neurones de ce type avec trois couches seulement (couche d'entrée, couche de sortie et une couche cachée) qui peut approximer une fonction f: $[0,1]^n$ ‹ R^m avec n'importe quelle précision $\varepsilon > 0$ désirée. Un problème consiste à trouver combien de neurones cachés sont nécessaires pour obtenir cette précision. Un autre problème est de s'assurer à priori qu'il est possible d'apprendre cette fonction.

Initialement tous les poids peuvent avoir des valeurs aléatoires, qui sont normalement très petites avant de commencer l'apprentissage. La procédure d'apprentissage se décompose en deux étapes. Pour commencer, les valeurs d'entrées sont fournies à la couche d'entrée. Le réseau propage ensuite les valeurs jusqu'à la couche de sortie et donne ainsi la réponse du réseau. A la deuxième étape les bonnes sorties correspondantes sont présentées aux neurones de la couche de sortie, qui calculent l'écart, modifient leurs poids et rétro-propagent l'erreur jusqu'à la couche d'entrée pour permettre aux neurones cachés de modifier leurs poids de la même façon. Le principe de modification des poids correspond normalement à l'apprentissage de Widrow-Hoff. La procédure d'apprentissage par retro-propagation est illustrée sur la figure II.6.

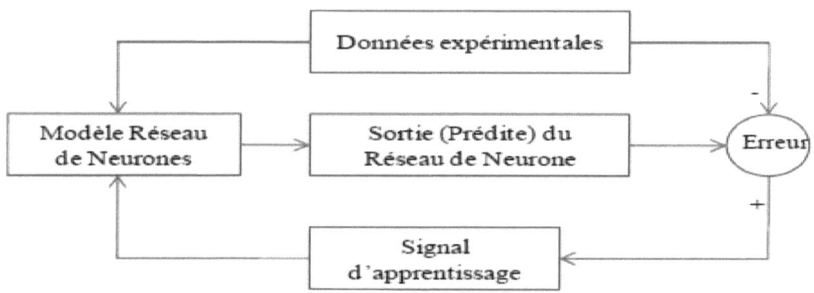

Figure II-6 Schéma d'apprentissage du réseau de neurone

Un réseau sans couches cachées (un réseau de type ADALINE,) réalise une régression linéaire, Rumelhart and McCelland (1986). Même avec des couches cachées, les neurones de sortie, qui ont une fonction d'activation linéaire, essayent d'atteindre ce but. La présence de neurones avec des fonctions d'activation non-linéaires dans les couches cachées permet de« remplir » les « creux » dans les exemples.

Le fait que l'apprentissage utilise un principe de descente de gradient sur la surface d'erreur pour modifier les poids, il est possible de tomber dans des minima locaux, auquel cas le réseau n'apprendra jamais l'approximation optimale.

Heureusement, cela ne semble pas être un problème dans la plupart des cas des RNA, Rumelhart and McCelland (1986).

II.4. Application des RNA dans les transferts thermiques

II.4.1. Introduction

Depuis quelques années plusieurs chercheurs se sont intéressés à l'utilisation des RNA dans le domaine des transferts de chaleur. Le travail de référence dans ce domaine est celui fait par Tanvir and Mujtaba (2006) qui ont développé une corrélation pour l'élévation de température d'ébullition TE (« Temperature Elevation ») dans des unités MSF, et ce en utilisant des RNA. Nous consacrons le présent paragraphe à la présentation de ce travail.

II.4.2. Développement de corrélation pour la TE

Dans le procédé de dessalement MSF, la connaissance de la température d'ébullition de l'eau de mer est primordiale dans la conception des évaporateurs. La température d'ébullition de l'eau de mer est légèrement supérieure à celle de l'eau pure (à la même pression) à cause de la salinité. Cette élévation de température est appelée TE (« Temperature Elevation »). Plusieurs corrélations existent dans la littérature pour l'estimation de TE, toutefois elles sont complexes et donnent des écarts relativement importants. Ces corrélations dépendent de la composition de l'eau de mer, concentrations des solides dissouts, sels et acidités qui varient d'une manière significative selon la région où se trouve l'installation de dessalement. Ces corrélations empiriques ne peuvent pas s'appliquer si les conditions et les paramètres ne sont pas vérifiés. En plus, si elles sont appliquées indifféremment elles peuvent induire en erreur les résultats des calculs et donc une mauvaise conception de l'installation.

Les corrélations qui existent dans la littérature donnent TE comme fonction de la salinité (x) et la température d'ébullition de l'eau pure à la même pression BPT (« Boiling Point Temperature »). TE est exprimée en °C, x est exprimé en % en poids et BPT est exprimée en °C.

II.4.3. Méthodologie de construction du RNA

Tanvir and Mujtaba (2006) ont essayé de développer plusieurs corrélations pour TE en utilisant des RNA. Leur travail a montré que l'utilisation de cette technique permet d'améliorer la précision de ces corrélations.

L'atout majeur de l'utilisation des RNA pour ce genre de situation est que chaque installation pourra engendrer un RNA plus ou moins adapté à ses spécifications. D'autre part, ceci permettra la constitution d'une base de données et donc améliorer continuellement son RNA pour s'adapter à son environnement : changement de la qualité d'eau, des normes etc.

Tout se résume donc à bien construire son RNA en exploitant la base de données de l'installation. Un aperçu sur la méthodologie de construction du RNA est présenté dans le paragraphe suivant.

a) Structure du Réseau

Après plusieurs itérations les auteurs ont réussi à optimiser la structure du réseau (Figure II.7). Le réseau contient trois couches : (i) une couche d'entrée, (ii) une couche cachée et (iii) une couche de sortie. La couche d'entrée contient les deux neurones: salinité (x) et la température (BPT). La couche de sortie comporte un seul neurone correspondant à TE. Les auteurs ont montré que la meilleure configuration correspond à une couche cachée avec 4 neurones.

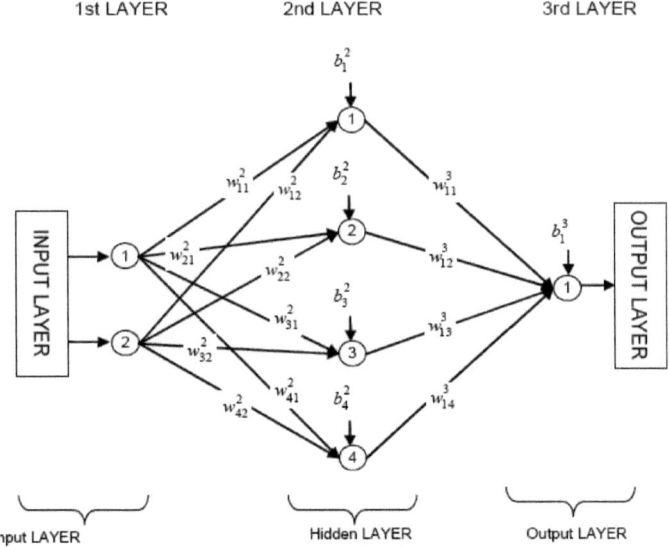

Figure II-7 Structure du réseau de neurones utilisé, Tanvir and Mujtaba (2006)

Les données d'entrée sont normalisées comme suivant :

$$x_{norm} = \frac{x - x_{moyen}}{\delta_x}, \text{ avec } x_{moyen} = \frac{1}{n}\sum_{k=1}^{n} x_i \text{ et } \delta_x = \sqrt{\frac{1}{n} * \sum_{k=1}^{n}(x - x_{moyen})^2} \qquad (2.4)$$

$$BPT_{norm} = \frac{BPT - BPT_{moyen}}{\delta_{BPT}}, \text{ avec } BPT_{moyen} = \frac{1}{n}\sum_{k=1}^{n} BPT_i \text{ et} \qquad (2.5)$$

$$\delta_{BPT} = \sqrt{\frac{1}{n} * \sum_{k=1}^{n}(BPT - BPT_{moyen})^2} \qquad (2.6)$$

Les valeurs des neurones d'entrée sont : $a_1^1 = x_{norm}$ et $a_2^1 = BPT_{norm}$

En ce qui concerne le neurone de sortie, il est exprimé par:

$$a_1^l = TE_{norm} \quad avec \quad TE_{norm} = \frac{TE - TE_{moyen}}{\delta_{TE}} \qquad (2.7)$$

Avec l le numéro de la dernière couche.

Pour un RNA à 3 couches, la corrélation de TE est donné par :

$$a_1^3 = f_1^3\left(\sum_{k=1}^{4} w_{1k}^3 * a_k^2 + b_1^3\right) \qquad (2.7)$$

Avec

$$a_k^2 = f_j^2\left(\sum_{k=1}^{2} w_{jk}^2 * a_k^1 + b_j^2\right) \text{ Pour j=1..4} \qquad (2.8)$$

Dans ce travail les auteurs ont utilisé les fonctions de transfert suivantes :

$$f_1^3 \equiv Id \text{ et } f_1^2 \equiv TANH \qquad (2.9)$$

En général, pour la deuxième couche, la valeur du $j^{ème}$ neurone peut être donnée par :

$$a_j^2 = TANH\left(w_{j1}^2 * x_{norm} + w_{j2}^2 * BPT_{norm} + b_j^2\right) \qquad (2.10)$$

Et pour la 3ème couche on a :

$$a_1^3 = TE_{norm} = (w_{11}^3 * a_1^2 + w_{12}^3 * a_2^2 + w_{13}^3 * a_3^2 + w_{14}^3 * a_4^2 + b_1^3) \qquad (2.11)$$

Les paramètres de ce réseau sont résumés dans le tableau II.1.

Tableau II-1 Paramètres du réseau développé, Tanvir and Mujtaba (2006)

2nd layer				3rd layer		
Weights		Bias	Transfer function	Weights	Bias	Transfer function
w_{11}^2	w_{12}^2	b_1^2	$f_1^2 = \tanh$	w_{11}^3	b_1^3	$f_1^3 = 1$
w_{21}^2	w_{22}^2	b_2^2	$f_2^2 = \tanh$	w_{12}^3		
w_{31}^2	w_{32}^2	b_3^2	$f_3^2 = \tanh$	w_{13}^3		
w_{41}^2	w_{42}^2	b_4^2	$f_4^2 = \tanh$	w_{14}^3		

b) Calcul des biais et des poids

Le calcul des biais et des poids a été effectué sur différentes données d'entrée issues de différentes caractéristiques des eaux de mer. Chaque ensemble de données en entrée a été réparti en 3 sous catégories à savoir:

- des données d'apprentissage,
- des données de test et
- des données de validations.

Ces données sont sous la forme (x, BPT, TE). Le tableau II.2 donne un exemple de données utilisées, El-Dessouky and Ettouney (2002):

Tableau II-2 Données de Bromley utilisées dans le calcul du RNA pour la TE, El-Dessouky and Ettouney (2002)

Salinity	BPT	TE	Salinity	BPT	TE
0.6186	60	0.071	0.7981	100	0.118
0.6369	60	0.072	1.001	100	0.147
1.1263	*60*	*0.128*	*1.2566*	*100*	*0.185*
1.1735	60	0.134	1.683	100	0.248
1.5707	60	0.178	1.7117	100	0.251
1.6867	60	0.192	2.151	100	0.318
2.2542	*60*	*0.258*	*3.03*	*100*	*0.454*
3.0542	60	0.356	3.3541	100	0.505
3.735	**60**	**0.440**	**3.473**	**100**	**0.524**
4.5285	**60**	**0.542**	**3.618**	**100**	**0.547**
5.178	*60*	*0.629*	*4.281*	*100*	*0.657*
5.7635	60	0.709	4.876	100	0.756
6.4212	**60**	**0.803**	**5.0555**	**100**	**0.789**
7.1354	60	0.907	5.0648	100	0.790
0.6239	*80*	*0.081*	*0.19101*	*120*	*0.033*
1.253	80	0.163	0.6887	120	0.116
1.8504	**80**	**0.241**	**1.2813**	**120**	**0.213**
2.5375	**80**	**0.332**	**1.9457**	**120**	**0.324**
2.643	*80*	*0.347*	*2.5357*	*120*	*0.425*
3.467	80	0.461	2.6012	120	0.437
3.469	80	0.461	3.0582	120	0.516
4.0254	**80**	**0.542**	**3.3534**	**120**	**0.567**
4.779	*80*	*0.654*	*3.9086*	*120*	*0.670*
5.3929	80	0.749	4.4208	120	0.764
5.8352	**80**	**0.816**	**4.911**	**120**	**0.856**
5.9126	**80**	**0.830**	**5.4038**	**120**	**0.951**
6.3231	*80*	*0.894*	*5.9291*	*120*	*1.056*
6.4064	80	0.910	6.4108	120	1.154

Nota: Les données de formation sont en gras, les données de validation sont en italique et les données d'essai sont en normal.

II.4.4. Résultats obtenus

Le tableau II.3 résume les biais et les poids trouvés suite à l'apprentissage et la validation de l'un des RNA développés par Tanvir and Mujtaba (2006).

Tableau II-3 Biais et poids obtenus pour le RNA développé pour la TE, Tanvir and Mujtaba (2006)

2nd layer			3rd layer	
Weights		Bias	Weights	Bias
$w_{11}^2 = 0.917$	$w_{12}^2 = 1.396$	$b_1^2 = 2.448$	$w_{11}^3 = 0.005$	
$w_{21}^2 = 0.213$	$w_{22}^2 = 0.087$	$b_2^2 = -0.829$	$w_{12}^3 = 6.364$	$b_1^3 = 2.312$
$w_{31}^2 = 0.514$	$w_{32}^2 = -0.174$	$b_3^2 = 0.409$	$w_{13}^3 = 0.466$	
$w_{41}^2 = -0.580$	$w_{42}^2 = 0.225$	$b_4^2 = -2.398$	$w_{14}^3 = -1.797$	

La figure II.8 montre une comparaison des résultats obtenus par le RNA développé par Tanvir and Mujtaba (2006) et les données expérimentales de Bromley et al. (1974).

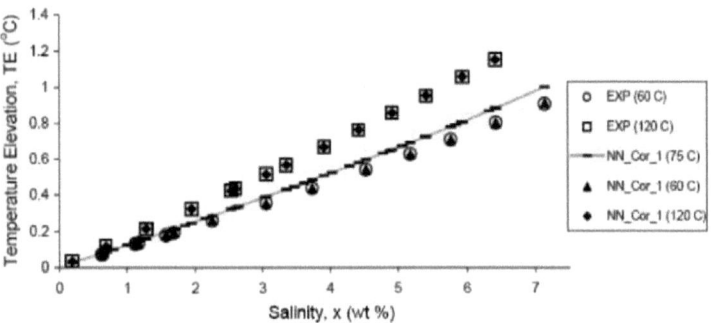

Figure II-8 Comparaison entre les résultats issus du RNA développé par Tanvir and Mujtaba (2006) et des données expérimentales de Bromley et al. (1974)

Cette comparaison montre un excellent accord entre les résultats du modèle développé et les données expérimentales. En effet une déviation maximale de 0,04°C a été obtenue par le modèle par rapport à 0,1°C obtenu avec les corrélations. Ce résultat met en évidence l'apport des RNA dans ce type de contexte.

II.4.5. Conclusion

Nous avons présenté dans ce chapitre la méthode des réseaux de neurones en précisant leurs atouts majeurs ainsi que les points de difficultés inhérents à l'application de la méthode. Après un aperçu historique sur l'évolution de la méthode nous avons synthétisé les principes fondamentaux de l'algorithme, notion de couches, règles d'apprentissage, retro-propagation etc. Ensuite, nous avons identifié la méthodologie retenue pour la résolution de la problématique du calcul du coefficient de transfert thermique dans les évaporateurs FFHTE.

La première étape de la méthode est l'élaboration d'un ensemble de données fiables. Dans ce cadre, nous avons conçu un dispositif expérimental permettant la mesure du coefficient de transfert de chaleur dans un FFHTE. Un ensemble de mesures a été fait pour générer les données nécessaires à l'élaboration du RNA. Le chapitre suivant présente cette partie expérimentale et la méthodologie suivie pour l'élaboration des données.

PARTIE II: Elaboration du RNA pour le coefficient de transfert de chaleur dans les FFHTE à haute température

Chapitre III **:** *Etude Expérimentale du FFHTE*

Chapitre IV **:** *Développement du RNA pour le coefficient de transfert de chaleur*

Chapitre V **:** *Simulation du RNA et discussion des résultats*

Chapitre III. Etude Expérimentale du FFHTE

III.1. Introduction

Dans ce chapitre nous présentons le travail expérimental que nous avons mené pour déterminer le coefficient de transfert de chaleur par évaporation dans un évaporateur à film tombant sur un faisceau de tubes horizontaux. Dans la première partie nous détaillons le dispositif expérimental qui été conçu et implanté au site industriel de Doosan en Corée de sud.

Ensuite, nous présentons l'instrumentation qui a été installée sur l'unité. Dans la troisième partie de ce chapitre nous détaillons la procédure suivie pour la détermination du coefficient de transfert de chaleur h. Nous présentons également notre démarche pour fixer les conditions des expériences. Enfin, nous présentons les résultats expérimentaux obtenus.

III.2. Dispositif expérimental

Le dispositif expérimental utilisé est présenté dans la Figure III.1. Il comporte un évaporateur FFHTE et ses accessoires, un condenseur et ses accessoires, une chaudière à vapeur, une alimentation pour le préchauffage, une pompe à vide, des réservoirs, des pompes, des systèmes de dosage de produits chimiques (antitartres, antibrouillard, acide), des capteurs de mesures de température (TT) et de pression (PT) ainsi que des valves de régulation (BV).

La vapeur est produite dans la chaudière fonctionnant avec l'électricité, ensuite elle est envoyée à l'intérieur des tubes de l'évaporateur. Une pompe permet d'assurer le vide dans l'évaporateur en éliminant les différent gaz incondensables. La capacité du pilote varie de 100 à 150 kg/h. L'eau de mer est pompée à une distance de 500 m de la station d'expérimentation vers le condenseur où elle est préchauffée par la vapeur s'écoulant à l'extérieur des conduites. Avant d'être arrosée en haut du faisceau de tubes horizontaux, l'eau de mer subit un pré-traitement avec des solutions acide, antitartre et antibrouillard. Un deuxième échangeur est placé en amont de l'évaporateur afin de préchauffer l'eau de mer. Ceci est fait afin de réduire l'écart de température entre l'eau de mer et la vapeur circulant à l'intérieur des conduits de l'évaporateur pour minimiser les transferts de chaleur sensible et éviter l'apparition de l'ébullition sur les tubes. En plus, cette précaution nous permet de mieux ajuster la température d'alimentation à des valeurs élevées (85-95°C). Il faut rappeler ici que la température de fonctionnement d'un évaporateur dans une configuration classique de MED ne doit pas dépasser 70°C.

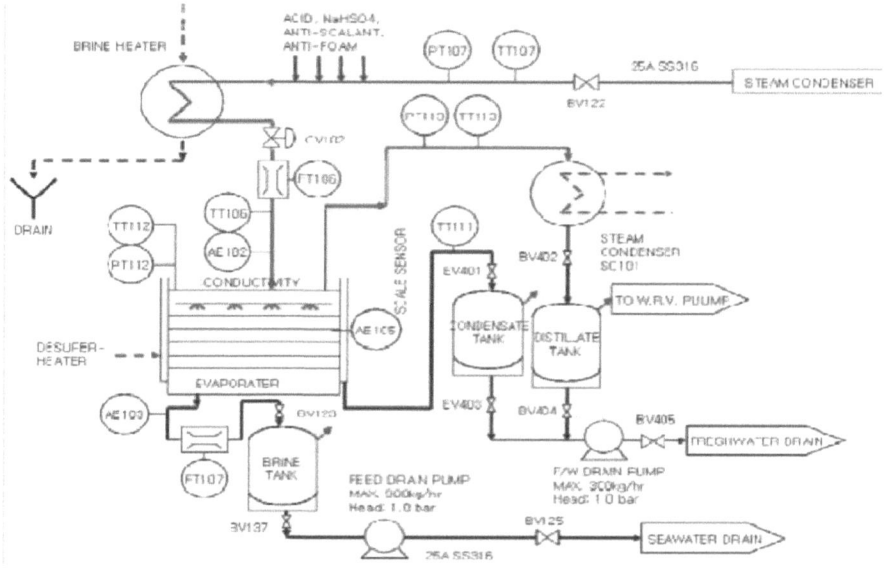

Figure III-1 **Dispositif expérimental utilisé pour l'étude de l'évaporateur FFHTE**

La vapeur produite dans la chaudière est, en même temps, envoyée à l'intérieur des tubes où elle se condense. La chaleur latente de vaporisation libérée sert à l'évaporation du film liquide d'eau de mer circulant à l'extérieur des tubes.

La saumure concentrée est récupérée dans un réservoir de stockage avant d'être envoyée dans la mer. Dans certains tests, cette saumure est réutilisée afin d'ajuster la salinité de l'eau d'alimentation. Le condensât produit à l'intérieur des tubes du condenseur est envoyé vers un deuxième réservoir où elle est quantifiée par un débitmètre. Enfin, le distillat et le condensat sont envoyés vers la chaudière afin de produire la vapeur nécessaire au fonctionnement de l'évaporateur.

III.2.1. Présentation de l'évaporateur utilisé

L'évaporateur utilisé dans nos tests est présenté dans la figure III.2. Il s'agit d'un faisceau de tubes horizontaux en quiconque (12 rangées de 5 tubes). Les tubes utilisés sont en acier inoxydable (SS316L), de diamètre extérieur 28,6 mm, d'épaisseur 0,7 mm et de longueur 1000 mm. Dans certains tests nous avons essayé de tester des tubes en alliage Cuivre-Nickel.

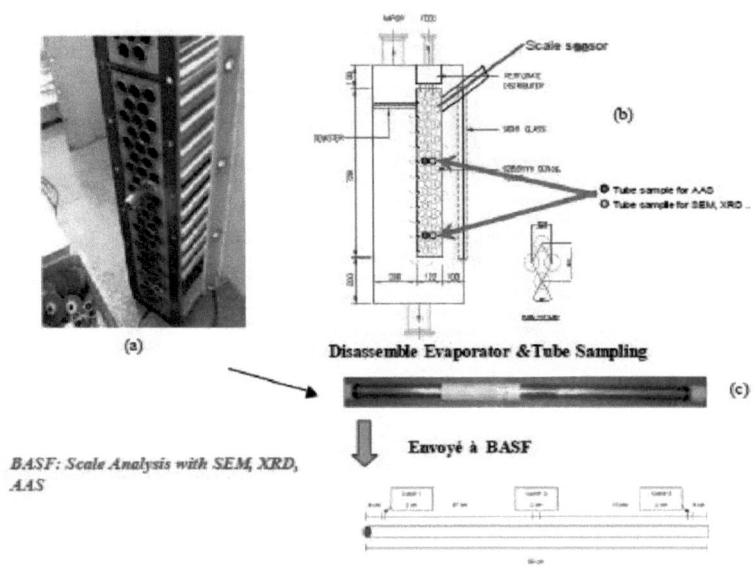

Figure III-2 Faisceau de tubes utilisé pour les mesures d'entartrage et du coefficient de transfert de chaleur

En plus de la partie concernant l'étude du coefficient de transfert de chaleur, un autre travail a été fait pour l'analyse de l'entartrage sur les tubes à haute température. Pour cette raison le faisceau a été conçu avec des tubes démontables. Pour ce travail, après chaque test quelques tubes du faisceau sont démontés, puis envoyés à BASF pour la mesure du dépôt de tartre. Nous avons fait aussi quelques mesures pour s'assurer que les tubes sont escomptes de tartre pour le calcul du coefficient de transfert de chaleur.

III.2.2. Instrumentation et mesures

Nous avons instrumenté le pilote avec un ensemble de capteurs de débit, de température, conductivité de l'eau, etc. Les intervalles des valeurs utilisés pour les différents paramètres sont résumés dans le tableau III.1.

Tableau III-1 Intervalle des paramètres de contrôle

Paramètre	Valeur
Fluide utilisé	Eau de mer (Mer de Corée)
Température de la vapeur (°C)	75 ~ 95
Température d'entrée de l'eau de mer, TBT (°C)	65 ~ 100
Débit massique de l'eau de mer (kg/h)	500 ~ 1200
Débit massique linéique (kg.m^{-1}.s^{-1})	0,03 ~ 0,15
Concentration de l'antitartre (ppm)	0 ~ 8
Anti-mousse (ppm)	0,1 ~ 0,2
Matériaux des tubes	SS316L ou Cu-Ni
Forme des tubes	Cylindriques
Concentration de l'eau de mer (TDS en ppm)	30000 ~ 65000

La conductivité ainsi que le PH de l'eau sont prélevés au début de chaque test. En plus, à chaque essai un échantillon de l'eau d'alimentation est pris pour déterminer sa composition physico-chimique. Ceci est primordial pour l'étude de l'entartrage.

La quantité du gaz carbonique dégagée a été également mesurée. La quantité de tartre déposée sur les tubes a été déterminée en suivant une procédure bien précise. En effet, après chaque test le faisceau de tubes est démonté de l'évaporateur; quatre tubes sont prélevés respectivement de la partie supérieure (tube 5), médiane (tubes 7 et 9) et inférieure (tube 11) du faisceau. Ceci est fait dans l'objectif d'analyser la variation de l'entartrage le long du faisceau (analyser la mouillabilité, effet de température, etc.). Un maximum de précaution est prise lors de l'opération de démontage afin d'éviter toute perte de tartre déposée sur les tubes. Enfin, ces tubes sont emballés avec le plus grand soin, codés, répertoriés puis envoyés aux laboratoires du BASF en Allemagne où les différentes mesures sont réalisées.

Pour le travail relatif à l'étude des transferts thermiques nous avons maintenu un dosage de 8ppm pour l'antitartre afin de garantir un état de surface propre (escompte de tartre). Cette précaution est très importante pour la précision de nos résultats. Pour plus de précautions nous avons réalisé quelques prélèvements de tubes et nous nous sommes assurés qu'il y a aucun tartre déposé sur les tubes.

La température d'alimentation de l'eau de mer a été progressivement augmentée de 65°C à 95°C par pas de 5°C. Le débit de l'eau d'alimentation et le dosage de l'antitartre sont variés en parallèle. Les performances réelles de l'installation sont évaluées à chaque étape. Pour cette étude nous avons fixé la durée des tests standards à 48h afin de permettre la stabilisation de l'installation.

L'eau de mer de la Corée est caractérisée par une faible salinité (35000 ppm) par rapport à la salinité des eaux de mer du Golfe (le plus grand consommateur des unités de dessalement) dépasse 45000 ppm. Afin de remédier à cet inconvénient, et afin de se rapprocher des conditions des régions du Golfe, nous avons installé un système de recirculation de la saumure en la mélangeant avec l'eau de mer d'alimentation. En ajustant les différents débits et en mesurant les salinités de l'eau d'alimentation et la saumure nous avons pu contrôler la salinité de l'eau à l'entrée de l'évaporateur.

Etant donné le nombre important de paramètres à faire varier (température d'alimentation, débit, salinité, concentration de l'antitartre, durée du test, etc.) donnant une infinité de tests possibles (explosion combinatoire), nous avons utilisé la méthode Plan d'Expériences afin d'optimiser le nombre d'expériences sans perdre aucune information importante. Cette étude a mis en évidence un nombre minimal de 29 expériences pertinentes pour le test des antitartres et 130 expériences pour l'étude des performances thermiques.

III.3. Détermination expérimentale du coefficient de transfert de chaleur h

Dans des conditions de tubes propres, il existe trois résistances thermiques entre le film liquide s'écoulant sur les tubes et la vapeur se condensant à l'intérieur (Figure III.3) :

- une résistance thermique due à la condensation de la vapeur,
- une résistance due à la conduction à travers les parois (de conductivité λ_p),
- une résistance due à la convection à travers le film.

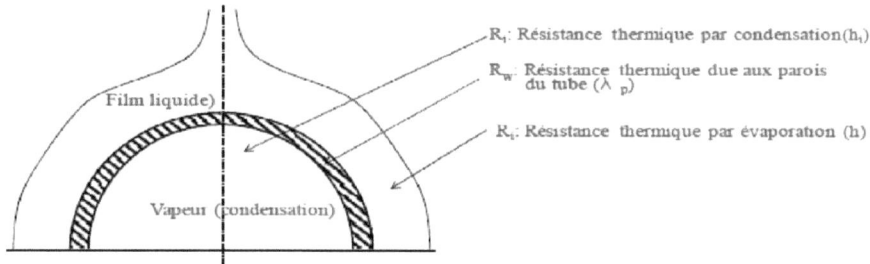

Figure III-3 Résistances thermiques lors de l'écoulement en film liquide autour d'un tube horizontal

Ces résistances sont considérées en série (méthode de « Résistance Electrique »). Ainsi, le coefficient global de transfert de chaleur U peut être donné par :

$$\frac{1}{U} = \left(\frac{1}{h_i}\right)\left(\frac{D_{ext}}{D_{int}}\right) + \left(\frac{D_{ext}}{2\lambda_p}\right).Ln\left(\frac{D_{ext}}{D_{int}}\right) + \frac{1}{h} \qquad (3.1)$$

Par ailleurs, le coefficient global de transfert de chaleur U peut être déterminé par l'équation (3.2).

$$\Phi = U.A.\Delta T_{LM} \qquad (3.2)$$

Avec:

Φ : le flux de chaleur dans l'évaporateur en W,

A: l'air de la surface d'échange en m² (5,35 m² pour l'évaporateur étudié)

ΔT_{LM}: différence de température logarithmique moyen.

$$\Delta T_{LM} = \frac{T_{out} - T_{in}}{Ln\left[\dfrac{T_v - T_{in}}{T_v - T_{out}}\right]} \qquad (3.3)$$

Tout et Tin sont les températures d'entrée et de sortie du film liquide. Tv est la température de la vapeur. Φ peut être déterminé en mesurant la quantité de la vapeur condensée à l'intérieur des tube $\dot{m}_c$

$$\Phi = \dot{m}_c . L_v \qquad (3.4)$$

L_v est la chaleur latente de vaporisation.

En ce qui concerne le coefficient de transfert de chaleur par condensation à l'intérieur des tubes (h_i), Nusselt a développé une corrélation qui a été validée par un grand nombre de travaux, Bourouni et al. (2004). Dans ce travail nous utilisons cette corrélation qui est donnée par l'expression suivante :

$$Nu = 0.728 \times K_F \times \left(\frac{g \times \rho_l \times (\rho_l - \rho_v) \times d_i^3 \times L_v}{\mu_l \times k_l \times (T_v - T_p)}\right)^{0.25} \qquad (3.5)$$

Ainsi, en combinant les équations (3.1-3.5) le coefficient de transfert de chaleur par évaporation h peut être déterminé.

III.4. Planification des expériences (Plan d'expériences)

Afin de développer une corrélation fiable permettant de concevoir des évaporateurs FFHTE de manière précise il est primordial d'élaborer les données expérimentales dans tout le domaine de fonctionnement du procédé MED. En se basant sur le tableau I.1 résumant les conditions de fonctionnement des évaporateurs FFHTE nous avons calculé les intervalles correspondants pour les paramètres d'entrée de notre RNA, à savoir le nombre de Reynolds Re_f, le nombre de Prandtl Pr_f et le flux Φ (voir tableau III.2).

Tableau III-2 Intervalles des paramètres de fonctionnement de l'unité expérimentale

Paramètre	Valeur minimale	Valeur Maximale
Nombre de Prandtl Pr_f	2.5	4
Nombre de Reynolds Re_f	200	2600
Flux de chaleur Φ	5000 W/m2	10000 W/m2

Ces paramètres peuvent être ajustés en réglant le débit, la température et la salinité du film liquide ainsi que la température de la vapeur. Etant donné le nombre important de cas possibles pour le fonctionnement de l'unité (explosion combinatoire), nous avons utilisé la méthode Plan d'Expériences, Groupy (1996).

Développement lié à l'essor de l'informatique, la méthodologie des plans d'expériences mise au point dans les années 50, trouve sa place dans le cadre d'une recherche expérimentale planifiée. L'objectif de cet outil statistique est d'aider l'expérimentateur dans la construction d'une liste d'essais, menée de manière à minimiser le nombre d'expériences pour une information finale maximale. Dans ce travail nous avons mis en œuvre un plan d'expérience de type « Tables de Tagushi » pour déterminer le nombre optimal de tests (ainsi que leurs conditions) afin d'analyser l'influence des paramètres Re_f, Pr_f et Φ sur Nu_f dans un FFHTE.

Pour le développement des plans d'expériences relatifs à notre étude nous avons utilisé le logiciel KITTAG. Ainsi 130 points de tests ont été mis en évidences ; les conditions expérimentales correspondantes sont résumées dans le tableau III.3.

III.5. Résultats expérimentaux

III.5.1. Préparation des données pour le RNA

Afin de préparer les données pour le RNA, nous avons exprimé les résultats expérimentaux obtenus comme:

$$Nu_f = f(\text{Re}_f, \text{Pr}_f, \Phi) \tag{3.6}$$

Les nombres de Nusselt Nu_f, de Reynolds Re_f, de Prandtl Pr_f sont exprimés respectivement avec les relations (1.4), (1.1) et (1.3).

Ces résultats sont résumés dans le tableau III.3.

Tableau III-3 Résultats expérimentaux obtenus

N	Re_f	Pr_f	$\phi(w)$	Nu_f	N	Re_f	Pr_f	$\phi(w)$	Nu_f	N	Re_f	Pr_f	$\phi(w)$	Nu_f
1	200	2.5	10000	0.284	44	1000	3	10000	0.272	87	1800	3	6000	0.239
2	400	2.5	10000	0.270	45	1200	3	10000	0.270	88	2000	3	6000	0.238
3	600	2.5	10000	0.263	46	1400	3	10000	0.268	89	2200	3	6000	0.237
4	800	2.5	10000	0.259	47	1600	3	10000	0.267	90	2400	3	6000	0.236
5	1000	2.5	10000	0.256	48	1800	3	10000	0.267	91	2600	3	6000	0.235
6	1200	2.5	10000	0.254	49	2000	3	10000	0.266	92	200	3	7000	0.281
7	1400	2.5	10000	0.252	50	2200	3	10000	0.265	93	400	3	7000	0.267
8	1600	2.5	10000	0.251	51	2400	3	10000	0.265	94	600	3	7000	0.260
9	1800	2.5	10000	0.250	52	2600	3	10000	0.264	95	800	3	7000	0.256
10	2000	2.5	10000	0.249	53	200	2	10000	0.269	96	1000	3	7000	0.253
11	2200	2.5	10000	0.248	54	400	2	10000	0.254	97	1200	3	7000	0.251
12	2400	2.5	10000	0.247	55	600	2	10000	0.247	98	1400	3	7000	0.249
13	2600	2.5	10000	0.247	56	800	2	10000	0.242	99	1600	3	7000	0.248
14	200	3.5	10000	0.310	57	1000	2	10000	0.239	100	1800	3	7000	0.246
15	400	3.5	10000	0.298	58	1200	2	10000	0.236	101	2000	3	7000	0.245
16	600	3.5	10000	0.292	59	1400	2	10000	0.234	102	2200	3	7000	0.245
17	800	3.5	10000	0.289	60	1600	2	10000	0.233	103	2400	3	7000	0.244
18	1000	3.5	10000	0.287	61	1800	2	10000	0.231	104	2600	3	7000	0.243
19	1200	3.5	10000	0.285	62	2000	2	10000	0.230	105	200	3	8000	0.287
20	1400	3.5	10000	0.284	63	2200	2	10000	0.229	106	400	3	8000	0.273
21	1600	3.5	10000	0.283	64	2400	2	10000	0.229	107	600	3	8000	0.266
22	1800	3.5	10000	0.282	65	2600	2	10000	0.228	108	800	3	8000	0.262
23	2000	3.5	10000	0.282	66	200	3	5000	0.268	109	1000	3	8000	0.260
24	2200	3.5	10000	0.281	67	400	3	5000	0.253	110	1200	3	8000	0.257
25	2400	3.5	10000	0.281	68	600	3	5000	0.245	111	1400	3	8000	0.256
26	2600	3.5	10000	0.281	69	800	3	5000	0.240	112	1600	3	8000	0.255
27	200	4	10000	0.323	70	1000	3	5000	0.237	113	1800	3	8000	0.254
28	400	4	10000	0.311	71	1200	3	5000	0.235	114	2000	3	8000	0.253
29	600	4	10000	0.306	72	1400	3	5000	0.233	115	2200	3	8000	0.252
30	800	4	10000	0.303	73	1600	3	5000	0.231	116	2400	3	8000	0.251
31	1000	4	10000	0.301	74	1800	3	5000	0.230	117	2600	3	8000	0.251
32	1200	4	10000	0.300	75	2000	3	5000	0.229	118	200	3	9000	0.293
33	1400	4	10000	0.299	76	2200	3	5000	0.228	119	400	3	9000	0.279
34	1600	4	10000	0.298	77	2400	3	5000	0.227	120	600	3	9000	0.272
35	1800	4	10000	0.298	78	2600	3	5000	0.226	121	800	3	9000	0.269
36	2000	4	10000	0.297	79	200	3	6000	0.275	122	1000	3	9000	0.266
37	2200	4	10000	0.297	80	400	3	6000	0.260	123	1200	3	9000	0.264
38	2400	4	10000	0.297	81	600	3	6000	0.253	124	1400	3	9000	0.262
39	2600	4	10000	0.297	82	800	3	6000	0.248	125	1600	3	9000	0.261
40	200	3	10000	0.298	83	1000	3	6000	0.245	126	1800	3	9000	0.260
41	400	3	10000	0.284	84	1200	3	6000	0.243	127	2000	3	9000	0.259
42	600	3	10000	0.278	85	1400	3	6000	0.241	128	2200	3	9000	0.259
43	800	3	10000	0.274	86	1600	3	6000	0.240	129	2400	3	9000	0.258
										130	2600	3	9000	0.258

III.5.2. Influence de la température TBT

Pour mettre en évidence l'intérêt de l'augmentation de la température TBT sur les performances de l'évaporateur nous avons analysé la variation du coefficient de transfert de chaleur en fonction du TBT (voir figure III.4). Ces résultats montrent une augmentation de 22% du coefficient de transfert de chaleur à travers le film liquide lorsque la température TBT passe de 75°C à 90°C. L'effet de la température se résume par l'influence des propriétés thermo-physiques de l'eau de mer (viscosité, tension superficielle, etc.). Ce résultat met en évidence la pertinence de l'augmentation du TBT afin d'améliorer les performances des évaporateurs FFHTE. Toutefois à une température TBT = 95°C nous remarquons une baisse du coefficient de transfert de chaleur. Ce résultat peut être attribué au phénomène de mouillabilité partielle de la partie inférieure du faisceau à cause de la forte évaporation. Ceci entraine une perte d'une partie de la surface d'échange.

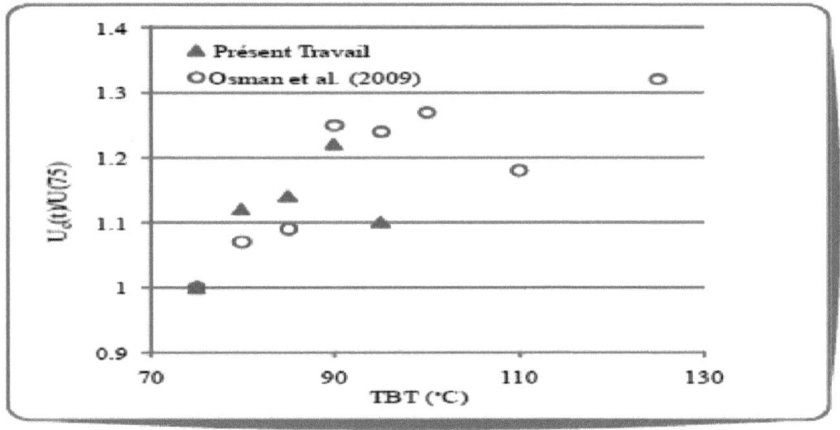

Figure III-4 Influence de la température TBT sur le coefficeint de transfert de chaleur

Sur la même figure nous avons reporté les résultats obtenus par Osman et al. (2009) avec l'utilisation de la Nano-Filtration. Cette étude montre que le coefficient de transfert de chaleur augment de 25% à 90°C et 33% à 125°C (par rapport à T=75°C). Afin de valider cette amélioration du coefficient de transfert de chaleur en fonction de la température il est nécessaire de résoudre le problème de mouillabilité (intégration d'un deuxième système de distribution du liquide en bas du faisceau, utilisation des tubes rainurés, etc.).

III.6. Conclusion

Dans ce chapitre nous avons décrit l'ensemble de travail expérimental qui a été réalisé afin de préparer les données nécessaires à l'élaboration du RNA. Le dispositif expérimental qui a servit à cette étude a été décrit en détail en précisant les composantes, les conditions de travail ainsi que la justification de certains choix pratiques et la méthodologie de mesures et de tests.

Nous avons ensuite détaillé la méthodologie que nous avons suivie pour la détermination du coefficient de transfert de chaleur par évaporation. Les conditions expérimentales ont été judicieusement choisies afin de couvrir tout le domaine d'étude (conditions de fonctionnement des FFHTE à haute température). Afin d'aboutir à un nombre minimal de tests avec un maximum de précision, nous avons utilisé la méthode de plans d'expériences.

Enfin, nous résumons à la fin de ce chapitre l'ensemble des résultats obtenus qui serviront à l'élaboration du RNA. Une attention particulière a été portée à l'étude de l'influence de la température TBT sur le coefficient de transfert de chaleur. En effet, nous avons montré qu'une augmentation de la température TBT de 75°C à 90°C permet d'augmenter le coefficient de transfert de chaleur de 22%.

Dans le chapitre suivant nous allons aborder le vif de sujet à savoir l'élaboration de la corrélation pour le coefficient de transfert thermique en utilisant la méthode de Réseaux de Neurones Artificiels.

Chapitre IV. Développement de l'outil RNA pour la modélisation du coefficient de transfert de chaleur

IV.1. Introduction

Dans ce chapitre nous détaillons les différentes étapes suivies pour l'élaboration du réseau de neurones artificiels RNA relatif à la corrélation de transfert de chaleur par évaporation dans les évaporateurs FFHTE utilisés à hautes températures.

La première étape de la réalisation du réseau est de définir sa structure optimale (nombre de couches, nombre de neurones dans chaque couche et les fonctions de transfert). La deuxième étape porte sur l'apprentissage du réseau en utilisant les données expérimentales. Enfin, la troisième étape concerne la validation du réseau.

IV.2. Méthodologie d'élaboration du RNA

Avant de commencer l'élaboration du RNA il y a un certain nombre de choix à faire concernant son architecture, sa structure et la fonction d'apprentissage. Ces choix doivent se faire en se basant sur les objectifs du réseau et le type de données disponibles. Nous avons récapitulé nos choix dans le tableau IV.1 ainsi que les justifications qui ont conduit à ces choix.

Tableau IV-1 Paramètres de référence du réseau à développer

Paramètre	Choix possibles	Choix retenu	Justification
Architecture du RNA	1) RNA à une seule couche de neurone, 2) RNA à couches multiples.	RNA à couches multiples.	a) La démonstration théorique est discutée dans le chapitre 2. b) Le RNA à couche multiple est capable de générer n'importe quelle fonction (linéaire ou pas)
Structure des données	1) Données concurrentes dans un RNA statique, 2) Données séquentielles dans un RNA dynamique.	Données concurrentes dans un RNA statique	Etant donné que notre fonction approximée ne fait pas appel à une discrétisation temporelle telle que la gestion d'un signal, il n'y a aucune raison d'utiliser un réseau dynamique.
Style d'apprentissage	1) Apprentissage incrémental des inputs, 2) Apprentissage par batch d'input.	Apprentissage incrémental des inputs,	Selon la taille de données, il y a un choix à faire. Il est clair que l'apprentissage par batch est une généralisation de l'apprentissage incrémental qui est un batch contenant un seul vecteur input.

Pour l'élaboration du RNA nous avons suivi un ensemble d'étapes qui peuvent être réparties en deux phases à savoir :

- Une première phase préparatoire :

a. Traitement des mesures et normalisation,

b. Identification de la fonction d'apprentissage du RNA,

c. Identification de la fonction de modification des biais et des poids,

d. Identification du critère de généralisation.

- Une deuxième phase de simulation et de discussion de résultat :

  e. Réalisation du réseau sur MATLAB,

  f. Réalisation du calcul de sensibilité du réseau généré envers certains paramètres

A la fin de ce travail nous avons pu aboutir à l'identification d'un réseau optimal par rapport à nos données de mesure susceptible de donner des résultats concordant avec les mesures expérimentales.

IV.3. Traitement initial des inputs et outputs du RNA, «preprocessing»

Pour améliorer la performance de la phase d'apprentissage, il est pratique de réaliser quelques traitements des données avant l'apprentissage proprement dit. D'une manière générale, on a souvent recourt à deux moyens mathématiques pour le faire, à savoir la normalisation des données et l'analyse en composantes principales.

La normalisation de données permet d'avoir une information ramenée à un intervalle. Ceci permettra d'éviter les problèmes de saturation du réseau. Par ailleurs, l'analyse en composantes principales permet de réduire la taille de paramètres et garder un taux d'information représentant l'information initiale. Ceci permettra donc d'optimiser les ressources matérielles et améliorer les performances. Le logiciel MATLAB propose des solutions astucieuses et testées pour ce genre de traitement.

Pour notre travail, nous n'allons pas utiliser l'analyse en composantes principales car on suppose que les entées du réseau sont indépendants les unes des autres ainsi qu'ils sont nécessaires pour notre corrélation et la taille d'information n'est pas grande.

Les paramètres utilisés pour le développement de notre réseau sont:

- Nombre de Nusselt du film liquide: Nu_F

- Nombre de Prandlt du film liquide: Pr_F
- Nombre de Reynolds du film liquide: Re_F
- Flux de chaleur: Φ

Pour la normalisation nous avons traité les données d'apprentissage de façon à ce que le vecteur « entrées » et la « sortie » soient de moyennes nulles et ayant des écarts-type unitaires. Un traitement postérieur des réponses, Post-processing, sera nécessaire par la suite pour reconvertir les réponses aux unités d'origine.

La normalisation des paramètres a été effectuée par MATLAB avec l'instruction :

[pn,meanp,stdp,tn,meant,stdt] = prestd(p,t)

Où les variables utilisées sont:

<pn> =inputs normalisés sous le format d'un vecteur ;

<meanup>= moyenne des inputs originaux <p> sous le format d'une valeur ;

<stdp>=la variance des inputs originaux <p> sous le format d'une valeur ;

<tn>=output_cible normalisés sous le format d'un vecteur ;

<meanp>=moyenne des outputs-cible originaux <t> sous le format d'une valeur ;

<stdt>=variance des outputs_cible originaux <t> sous le format d'une valeur ; Prestd = mot clé de la fonction MATLAB de normalisation.

Les tableaux IV.2 & IV.3 résument le résultat de la normalisation des données de départ.

Tableau IV-2 Données normalisées pour le développement du réseau

N	Re_f	Pr_f	ϕ	Nu_f	N	Re_f	Pr_f	ϕ	Nu_f
1	-1.59738798	-0.99614642	0.82884392	0.99811809	41	-1.33115665	0	0.82884392	1.00774617
2	-1.33115665	-0.99614642	0.82884392	0.35598008	42	-1.06492532	0	0.82884392	0.72897177
3	-1.06492532	-0.99614642	0.82884392	0.05023573	43	-0.79869399	0	0.82884392	0.5611299
4	-0.79869399	-0.99614642	0.82884392	-0.13741574	44	-0.53246266	0	0.82884392	0.44738491
5	-0.53246266	-0.99614642	0.82884392	-0.26692354	45	-0.26623133	0	0.82884392	0.36480123
6	-0.26623133	-0.99614642	0.82884392	-0.36265002	46	0	0	0.82884392	0.30207405
7	0	-0.99614642	0.82884392	-0.43667776	47	0.26623133	0	0.82884392	0.25289337
8	0.26623133	-0.99614642	0.82884392	-0.49578927	48	0.53246266	0	0.82884392	0.21342209
9	0.53246266	-0.99614642	0.82884392	-0.54413091	49	0.79869399	0	0.82884392	0.18117553
10	0.79869399	-0.99614642	0.82884392	-0.58440128	50	1.06492532	0	0.82884392	0.1544652
11	1.06492532	-0.99614642	0.82884392	-0.61844324	51	1.33115665	0	0.82884392	0.13209899
12	1.33115665	-0.99614642	0.82884392	-0.64756394	52	1.59738798	0	0.82884392	0.11320867
13	1.59738798	-0.99614642	0.82884392	-0.67271997	53	-1.59738798	-1.99229284	0.82884392	0.34554083
14	-1.59738798	0.99614642	0.82884392	2.1797135	54	-1.33115665	-1.99229284	0.82884392	-0.34343495
15	-1.33115665	0.99614642	0.82884392	1.62238265	55	-1.06492532	-1.99229284	0.82884392	-0.67812086
16	-1.06492532	0.99614642	0.82884392	1.36904177	56	-0.79869399	-1.99229284	0.82884392	-0.88703017
17	-0.79869399	0.99614642	0.82884392	1.219881	57	-0.53246266	-1.99229284	0.82884392	-1.03345317
18	-0.53246266	0.99614642	0.82884392	1.12100082	58	-0.26623133	-1.99229284	0.82884392	-1.14328334
19	-0.26623133	0.99614642	0.82884392	1.05081129	59	0	-1.99229284	0.82884392	-1.22943781
20	0	0.99614642	0.82884392	0.99874091	60	0.26623133	-1.99229284	0.82884392	-1.29920613
21	0.26623133	0.99614642	0.82884392	0.95892534	61	0.53246266	-1.99229284	0.82884392	-1.35706661
22	0.53246266	0.99614642	0.82884392	0.92781908	62	0.79869399	-1.99229284	0.82884392	-1.40594738
23	0.79869399	0.99614642	0.82884392	0.90313923	63	1.06492532	-1.99229284	0.82884392	-1.44785695
24	1.06492532	0.99614642	0.82884392	0.88334285	64	1.33115665	-1.99229284	0.82884392	-1.48422599
25	1.33115665	0.99614642	0.82884392	0.86734635	65	1.59738798	-1.99229284	0.82884392	-1.51610575
26	1.59738798	0.99614642	0.82884392	0.8543648	66	-1.59738798	0	-1.93396915	0.28862761
27	-1.59738798	1.99229284	0.82884392	2.72511088	67	-1.33115665	0	-1.93396915	-0.40443304
28	-1.33115665	1.99229284	0.82884392	2.20692508	68	-1.06492532	0	-1.93396915	-0.74164301
29	-1.06492532	1.99229284	0.82884392	1.97777243	69	-0.79869399	0	-1.93396915	-0.95240626
30	-0.79869399	1.99229284	0.82884392	1.84637805	70	-0.53246266	0	-1.93396915	-1.10030448
31	-0.53246266	1.99229284	0.82884392	1.76163492	71	-0.26623133	0	-1.93396915	-1.2113647
32	-0.26623133	1.99229284	0.82884392	1.70323262	72	0	0	-1.93396915	-1.2985768
33	0	1.99229284	0.82884392	1.66129731	73	0.26623133	0	-1.93396915	-1.36927453
34	0.26623133	1.99229284	0.82884392	1.63038825	74	0.53246266	0	-1.93396915	-1.42796517
35	0.53246266	1.99229284	0.82884392	1.60723743	75	0.79869399	0	-1.93396915	-1.47759689
36	0.79869399	1.99229284	0.82884392	1.58975382	76	1.06492532	0	-1.93396915	-1.52019259
37	1.06492532	1.99229284	0.82884392	1.57653284	77	1.33115665	0	-1.93396915	-1.55719381
38	1.33115665	1.99229284	0.82884392	1.56659425	78	1.59738798	0	-1.93396915	-1.58965995
39	1.59738798	1.99229284	0.82884392	1.5592321	79	-1.59738798	0	-1.38140654	0.60061404
40	-1.59738798	0	0.82884392	1.60623736	80	-1.33115665	0	-1.38140654	-0.07005426

Tableau IV-3 Données normalisées pour le développement du réseau (suite)

N	Re_f	Pr_f	ϕ	Nu_f	N	Re_f	Pr_f	ϕ	Nu_f
81	-1.06492532	0	-1.38140654	-0.39342777	106	-1.33115665	0	-0.27628131	0.50974923
82	-0.79869399	0	-1.38140654	-0.59402798	107	-1.06492532	0	-0.27628131	0.21036783
83	-0.53246266	0	-1.38140654	-0.73383937	108	-0.79869399	0	-0.27628131	0.02738997
84	-0.26623133	0	-1.38140654	-0.83815679	109	-0.53246266	0	-0.27628131	-0.09839896
85	0	0	-1.38140654	-0.91957131	110	-0.26623133	0	-0.27628131	-0.19102468
86	0.26623133	0	-1.38140654	-0.9851742	111	0	0	-0.27628131	-0.26238634
87	0.53246266	0	-1.38140654	-1.03931401	112	0.26623133	0	-0.27628131	-0.3191549
88	0.79869399	0	-1.38140654	-1.08482926	113	0.53246266	0	-0.27628131	-0.36540375
89	1.06492532	0	-1.38140654	-1.12366359	114	0.79869399	0	-0.27628131	-0.40378112
90	1.33115665	0	-1.38140654	-1.15719951	115	1.06492532	0	-0.27628131	-0.43609331
91	1.59738798	0	-1.38140654	-1.18645111	116	1.33115665	0	-0.27628131	-0.46362049
92	-1.59738798	0	-0.82884392	0.88273881	117	1.59738798	0	-0.27628131	-0.48729825
93	-1.33115665	0	-0.82884392	0.23231963	118	-1.59738798	0	0.27628131	1.38167566
94	-1.06492532	0	-0.82884392	-0.0785417	119	-1.33115665	0	0.27628131	0.76706689
95	-0.79869399	0	-0.82884392	-0.26995167	120	-1.06492532	0	0.27628131	0.47833324
96	-0.53246266	0	-0.82884392	-0.40245021	121	-0.79869399	0	0.27628131	0.30317624
97	-0.26623133	0	-0.82884392	-0.50067031	122	-0.53246266	0	0.27628131	0.18361043
98	0	0	-0.82884392	-0.57684214	123	-0.26623133	0	0.27628131	0.0961735
99	0.26623133	0	-0.82884392	-0.63783781	124	0	0	0.27628131	0.02927332
100	0.53246266	0	-0.82884392	-0.68786241	125	0.26623133	0	0.27628131	-0.02357454
101	0.79869399	0	-0.82884392	-0.72965516	126	0.53246266	0	0.27628131	-0.06632136
102	1.06492532	0	-0.82884392	-0.76508815	127	0.79869399	0	0.27628131	-0.10153091
103	1.33115665	0	-0.82884392	-0.7954904	128	1.06492532	0	0.27628131	-0.13094861
104	1.59738798	0	-0.82884392	-0.82183519	129	1.33115665	0	0.27628131	-0.15580908
105	-1.59738798	0	-0.27628131	1.14158979	130	1.59738798	0	0.27628131	-0.17701312

Les valeurs moyennes et écarts types des paramètres normalisés sont résumés dans le tableau IV.3.

Tableau IV-4 Moyennes et écarts-types des paramètres normalisés

	Re_F	Pr_F	ϕ	Nu_F
moyenne	0	3.42E-18	7.48E-16	-1.43E-15
variance	1	1	1	1

IV.4. Optimisation de la structure du RNA

Comme nous l'avons précisé (Tableau IV.1) le réseau contient trois couches dont une d'entrée, une de sortie et une cachée. La couche d'entrée comporte 3 neurones (Ref, Prf, Φ alors que la couche de sortie contient un seul neurone (Nuf). L'optimisation de la structure du réseau concerne la détermination du nombre de neurones dans la couche cachée.

Ce nombre optimal est déterminé en variant le nombre de neurone pour trouver la meilleure performance et la meilleure régression. Plusieurs chercheurs recommandent un nombre de neurones dans la couche cachée égale au dixième de nombre de données, Parizeau et al. (2004). Ainsi, nous avons décidé, dans une première étape d'initialisation, le nombre de neurones dans la couche cachée égale à :

$$N_i = \frac{N_{donnees}}{10} = \frac{130}{10} = 13 \qquad (4.1)$$

Par ailleurs le choix de ce nombre sera justifié et discuté dans le chapitre suivant. En effet, nous avons créé 4 autres RNA avec différents nombres de neurones dans la couche cachée, puis nous avons comparé entre les performances de ces RNA.

La figure IV.1 présente la structure du réseau de neurones adopté. Le réseau est formé d'une couche d'entrée qui, une couche cachée et une couche de sortie. Le terme couche cachée est emprunté au réseau multicouches, il met en évidence que cette couche n'est pas directement observable par l'utilisateur à la différence de l'entrée et de la sortie. Il n'existe pas de connexion entre les neurones d'entrée. Par ailleurs, la couche cachée est une couche d'activation compétitive, tous les neurones sont reliés les uns aux autres par des connexions inhibitrices de poids fixes. Chaque neurone de la couche d'entrée est relié à tous les neurones de la couche cachée et, réciproquement, chaque neurone de la couche cachée est relié à tous les neurones de la couche de sortie. A chaque connexion est associé un poids.

Chaque neurone de la i-ème couche (à l'exception de la première) est relié à tous les neurones de la (i-1)-ème couche avec un biais b^i et par des poids w^i. k désigne le neurone de transfert pour la couche i et le neurone j est f_j^i.

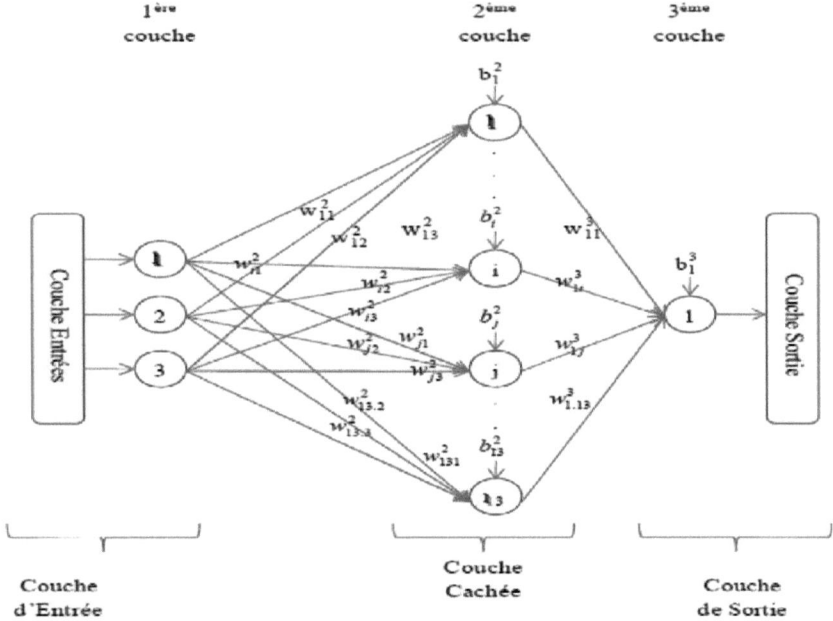

Figure IV-1 Structure du réseau de neurone utilisé

Dans chaque couche, la valeur du neurone j est calculée par :

$$a_j^i = f_j^i \left(\sum_{i=1}^{n_{j-1}} w_{jk}^i \times a_k^{i-1} + b_j^i \right) \quad (4.2)$$

IV.5.   Choix de l'algorithme d'apprentissage

L'étude bibliographique que nous avons réalisée montre qu'il y a plusieurs algorithmes qui peuvent être utilisés pour l'apprentissage d'un RNA. Ces algorithmes peuvent être classés en deux familles:

- Ceux consacrés aux problèmes de reconnaissance, « pattern recognition »,
- Ceux consacrés aux problèmes d'approximation de fonction.

Il y a différents algorithmes de retro-propagation. Ces derniers se différencient en termes de convergence et de consommation de mémoire. Aucun de ces algorithmes ne peut être adéquat à tous les problèmes. Le tableau IV.4 donne un aperçu sur les algorithmes utilisés par MATLAB.

Tableau IV-5 Différents algorithmes d'apprentissage utilisés par MATLAB

Fonction MATLAB	Nom de l'algorithme	Description
traingd	Basic gradient descent	- Une réponse lente en termes de convergence, - Utilisable pour un apprentissage incrémental
traingdm	Gradient descent with momentum	- Généralement plus rapide que 'traingd', - Utilisable pour un apprentissage incrémental
traingdx	Adaptive learning rate	- Plus rapide que 'traingd', - Ne peux être utilisé que pour l'apprentissage par batch.
trainrp	Resilient backpropagation	- Utilisable pour l'apprentissage en batch, - Convergence rapide - Mémoire de stockage réduite.
traincgf	Fletcher-Reeves conjugate gradient	Requiert la plus réduite mémoire de stockage pour les algorithmes du gradient conjugé
traincgp	Polak-Ribiére conjugate gradient	Un peu plus gourmand en mémoire que 'traincfg' Plus rapide convergence pour certains problèmes.
traincgb	Powell-Beale conjugate gradient	- Un peu plus gourmand en mémoire que 'traincgp' - En général converge rapidement
trainscg	Scaled conjugate gradient	Un bon algorithme général d'apprentissage
trainbfg	BFGS quasi-Newton method	- Très gourmand en mémoire de stockage, - Converge généralement en un nombre réduit d'itérations
trainoss	One step secant method	- Un compromis entre les métodes du gradient conjugé et de la méthode du quasi-Newton
trainlm	Levenberg-Marquardt	- Le plus rapide pour les réseaux de taille moyenne, - Possibilité de réduction de mémoire pour des problèmes de grande taille.
trainbr	Bayesian regularization	- Une variante du modèle LM pour une meilleure généralisation, - Réduit la difficulté de détermination de l'architecture optimale du réseau.

Dans ce travail, il s'agit de faire une approximation de fonction. Les algorithmes susceptibles de donner une bonne performance pour l'approximation de fonction sont comparés entre eux et ceci en prenant pour référence l'algorithme de Levenberg-Marquardt fréquemment utilisé (Voir tableau IV.5). Pour la comparaison entre ces algorithmes nous avons utilisé l'indice global de performance D défini par:

$$D = Total(+) - Total(-) \qquad (4.2)$$

Tableau IV-6 Comparaison des algorithmes d'approximation de fonction

Acronyme	Nom Algorithme	Temps de convergence	Précision de la réponse	Mémoire	taille	D
LM	trainlm - Levenberg-Marquardt	++	++	-	+	4
SCG	trainscg - Scaled Conjugate Gradient	++	+	+	++	6
GDX	traingdx - Variable Learning Rate Backpropagation	+	+	-	+	2
BFG	trainbfg - BFGS Quasi-Newton	++	+	+	-	3
CGB	traincgb - Conjugate Gradient with Powell/Beale Restarts	++	+	-	+	3
CGF	traincgf - Fletcher-Powell Conjugate	++	+	++	+	6
CGP	traincgp - Polak-Ribiére Conjugate	++	+	+	+	5

Dans ce travail nous avons opté pour l'utilisation des fonctions les plus pertinentes pour mesurer la convergence et la performance des réseaux. Le choix de fonctions se base sur l'indice global de performance « D » et aussi sur le type d'algorithmes.

Les fonctions sont:
a) LM: trainlm: une variante du gradient descendant
b) BFG: trainbfg: une variante des méthodes de Newton
c) CGF: traincgf: une variante du gradient conjugué
d) SCG: trainscg: une variante du gradient conjugué

A l'issue de cette étape, nous avons sélectionnés les fonctions d'apprentissage les plus adéquates pour l'approximation de fonction et qui vérifient certains paramètres tels que : temps de convergence, taille de réseau et mémoire de stockage.

IV.6. Choix de la fonction de modification des poids et biais

L'initialisation des biais et des poids n'a pas un grand impact sur l a q u a l i t é d e l'algorithme néanmoins ça peut permettre la convergence rapide vers un bon résultat. Un raisonnement de bon sens nous a poussé à choisir des poids et des biais qui se trouvent dans un intervalle contenant les valeurs min, max normalisées de chaque paramètre, c'est dire :

- Les poids en relation avec Ref , Prf ,Q sont dans l'intervalle [-1,6;1,6], [-2;2], [-2;1,5]
- Les biais ont été initialisés avec des valeurs aléatoires dans l'intervalle [-2;1,6].

Les poids et les biais sont actualisés après chaque itération. MATLAB propose deux moyens de le faire en utilisant deux fonctions principales. La fonction 'learngd' permet d'utiliser la technique du gradient descendant. La deuxième fonction 'learngdm' permet d'utiliser aussi la technique du gradient descendant mais tient compte de l'histoire du biais ou du poids. La fonction 'learngdm' est donc recommandée pour donner plus de souplesse à la variation des biais et des poids et éviter de se piéger dans un minimum local.

Cette actualisation se fait donc en pratique par l'intermédiaire de deux paramètres à savoir le taux d'apprentissage Lr, qui lui-même sera variable pour tenir compte de l'évolution de l'erreur globale et le coefficient Mc compris entre 0 et 1 et qui lui-même sera ajusté par l'algorithme pour avoir la bonne tendance d'évolution des biais et poids. En pratique, l'algorithme essayera d'augmenter le gradient global si l'erreur globale a été minimisée par rapport à l'itération précédente.

IV.7. Critères d'arrêt du réseau

Le critère d'arrêt a une grande influence sur l'efficience de l'algorithme en terme de convergence et de temps de calcul. Il était possible de choisir entre les critères suivants :

- Arrêt sur nombre d'itérations maximal : ce critère permet d'arrêter l'algorithme dès qu'on réalise un nombre précisé d'itérations. L'inconvénient de ce critère est qu'il ne peut pas retourner la valeur convergée à moins de réaliser plusieurs tests. Un autre risque c'est le risque du sur-apprentissage c'est dire que la corrélation devient plutôt spécifique aux données de base et ne peut plus donner une bonne interpolation.

- Arrêt sur le seuil d'erreur : ce critère permet d'arrêter l'algorithme si l'erreur est en dessous de certaine valeur. Ce critère présente les mêmes inconvénients que le critère précédent, en plus on peut rester dans la boucle indéfiniment et donc ne pas converger.

Une combinaison entre les deux critères cités auparavant peut s'effectuer.

- Arrêt sur validation croisée : ce critère est une solution pour éliminer les inconvénients des deux critères précédents. Le critère d'arrêt consiste alors à stopper l'apprentissage lorsque l'indice de performance calculé sur les données de validation cesse de s'améliorer pendant plusieurs périodes d'entraînement.

Dans notre cas, et pour quête de performance, le critère choisit sera celui de la validation croisée. Toute fois, on verra dans l'étude de sensibilité du chapitre suivant l'effet du critère d'arrêt sur la qualité du résultat. En effet, la qualité de notre algorithme sera testée en utilisant le critère d'itération théoriquement infinie avec en pratique un nombre très élevé d'itérations.

Cette méthode sera détaillée amplement dans la discussion du problème de généralisation qui est un problème très fréquent dans ce genre d'algorithme à savoir d'éviter un sur- apprentissage.

IV.8. Problème de generalization

Un problème qui peut se présenter lors de la phase d'apprentissage (Training) est que le réseau peut subir un sur-apprentissage (Overfitting). Le RNA se trouve ainsi avec une fonction approximée qui colle parfaitement aux données d'apprentissage et incapable d'être généralisée pour de nouvelles données.

Pour mieux expliquer cette problématique, un exemple d'approximation de fonction sera présenté pour voir se qu'on risque éventuellement si on ne fait pas attention à cet aspect. La figure suivante montre la réponse d'un réseau neuronal qui a été formé pour approcher une fonction sinusoïdale avec bruitage. La fonction sinus est représentée par la ligne pointillée, les mesures bruyantes sont données par le Symbole «+», et la réponse du réseau de neurones est donnée par la ligne continue. Il est clair que ce réseau a sur-appris les données et ne sera pas généralisable ainsi (Voir figure IV.2).

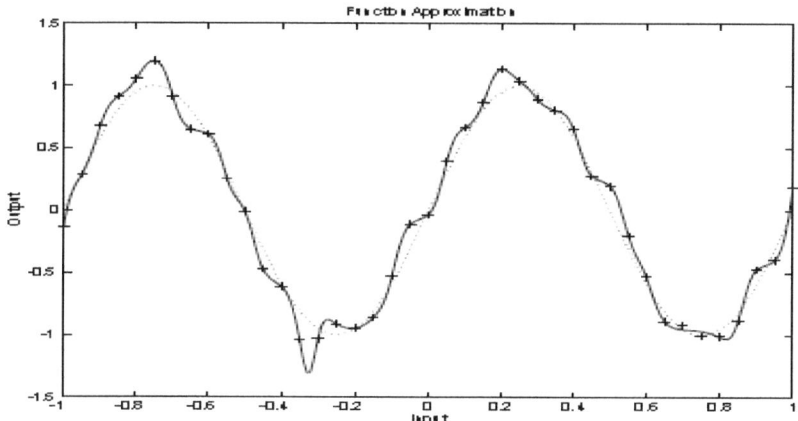

Figure IV-2 Problème de sur-apprentissage des RNA

IV.8.1. La méthode de régularisation

Il s'agit de modifier la fonction de performance, par défaut la fonction 'mse' pour mean square error, à une nouvelle fonction de performance:

$$msereg = \gamma\, mse + (1 - \gamma) msw \qquad (4.3)$$

Avec

$$msw = \frac{1}{N} \sum_{j=1}^{N} w_j^2$$

Et γ un ratio de performance dans l'intervalle [0 ;1]

Cette méthode oblige le RNA à avoir de plus petites valeurs de poids et de biais. Ainsi le RNA sera forcé de générer des réponses plus souples et donc limiter le risque du sur- apprentissage. Le souci avec cette méthode est de bien choisir la valeur de γ car si celui-ci est proche de 0 alors on risque d'avoir une réponse qui ne colle pas bien avec les données d'apprentissage. Par ailleurs, s'il est proche de 1 on risque d'avoir un sur- apprentissage. En reprenant la fonction sinusoïdale bruitée à approximer, la figure IV.3 donne un aperçu sur le résultat simulé avec le RNA. On voit très bien que la fonction simulée est très proche de la fonction recherchée sans toute fois tomber dans le sur-apprentissage. Reste à signaler, comme on l'a précisé, cette solution nécessite une bonne configuration du ratio de performance qui n'est pas une tâche facile à faire.

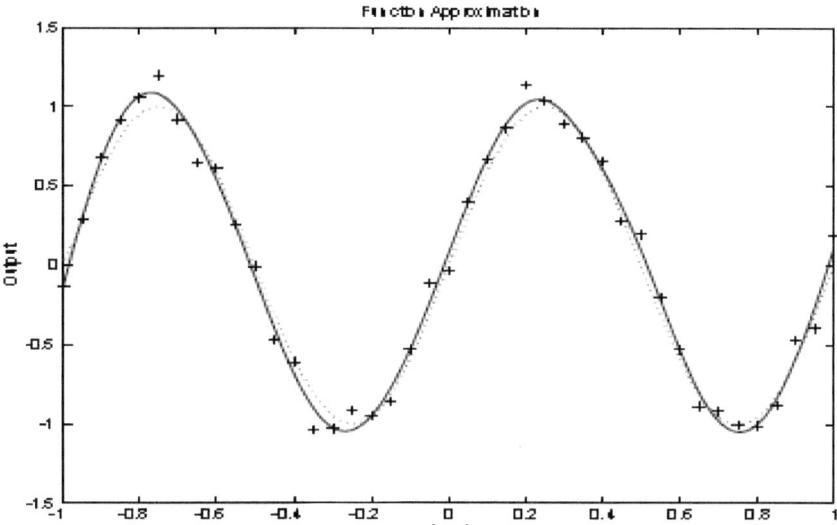

Figure IV-3 Résolution du problème de sur-apprentissage avec la régularisation

IV.8.2. La méthode d'arrêt sur validation croisée, Early stop

Cette méthode partage les données en trois groupes ceux pour l'apprentissage, ceux pour la validation et ceux pour le test. Ce critère nécessite tout de même un grand nombre de données au départ pour bien apprendre le réseau. Les données de validation permettent de tester la fonction approximée sur des données d'apprentissage et d'éviter que le réseau ne soit incapable de bien simuler de nouvelles données. La figure IV.4 donne la réponse du RNA avec cette méthode. On voit bien qu'on n'a pas le problème de sur-apprentissage mais tout de même la méthode de régularisation pour cette approximation donne un résultat meilleur. Comme nous avons assez de données, 130 inputs, il est possible de traiter le problème de généralisation par les deux méthodes. Nous allons choisir la 2ème méthode afin de simplifier le travail et parce que la deuxième méthode permet de visualiser tester la réponse RNA sur les trois groupes de données une chose qu'on ne pas faire avec la 1ère méthode.

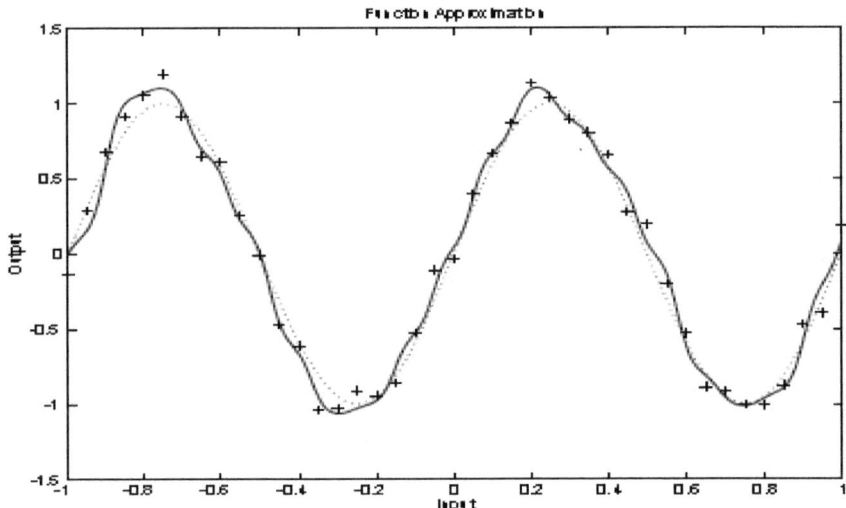

Figure IV-4 Résolution du problème de sur-apprentissage avec la validation croisée

IV.9. Conclusion

Tout au long de ce chapitre, nous avons présenté la méthodologie que nous avons suivie pour l'élaboration du RNA.

Après avoir fixé le nombre initial de neurones dans la couche cachée nous nous sommes concentrés sur le toolbox Neural Network de MATLAB pour le développement de la corrélation du coefficient de transfert thermique qui prend en considération les données de l'expérience. Nous avons parcouru plus en détails les différents paramètres à préciser dans l'outil informatique et nous avons argumenté les choix gardés. Nous avons ensuite tracé le schéma qui va être suivi pour obtenir les résultats qui seront discutés dans le chapitre suivant.

Le tableau IV.6 résume les résultats obtenus dans ce chapitre caractéristiques du RNA développé.

Tableau IV-7 Paramètres du RNA développé

Paramètre	Réseau de référence	Réseaux d'appoint
Fonction d'apprentissage	LM : trainlm	a) LM : trainlm b) BFG : trainbfg c) CGF : traincgf d) SCG : trainscg
Fonction de modification des poids et des biais	Learngdm avec par défaut Lr=0.01 mc=0.9 dW = mc*dWprev + (1- mc)*lr*gW	Learngdm
Fonction de performance	Mse+validation croisée	a) Msereg b) Mse+validation
Fonction de transfert couche cachée	Sigmoïdale tanghyperbolique	Sigmoidale tanghyperbolique
Fonction de transfert couche de sortie	Linéaire	linéaire

Chapitre V. Simulation du réseau de référence et discussion des résultats

V.1. Introduction

Dans la première partie de ce dernier chapitre nous donnons un aperçu général sur l'outil de calcul de MATLAB utilisé.

Dans la deuxième partie nous présentons les résultats obtenus à partir du réseau développé dans le chapitre précédent (réseau de référence). Nous commençons cette analyse par l'étude des résultats issus du RNA en discutons certains choix faits pour la modélisation. Nous justifions le choix du nombre de neurones dans la couche cachée en analysant les performances de plusieurs RNA avec différents nombre de neurones. Une attention particulière est portée à l'étude de la précision du réseau et sa capacité à reproduire les données relatives au coefficient de transfert de chaleur par évaporation dans les FFHTE. Ensuite, nous discutons l'apport de la méthode RNA par rapport à la méthode classique de régression. Enfin, nous menons une étude de sensibilité du réseau de référence à divers perturbations de critères de simulation.

V.2. Présentation de l'outil développé

Dans ce paragraphe, l'outil et ses principales fonctions sont présentés dans la figure V.1. Cet outil a été testé et validé sur le travail de Tanvir et Mujtaba (2006) pour le développement de la corrélation de TE en fonction de la salinité x et la température BPT. L'outil a été utilisé ensuite pour développer une fonction des paramètres Re_f, Pr_f, Φ.

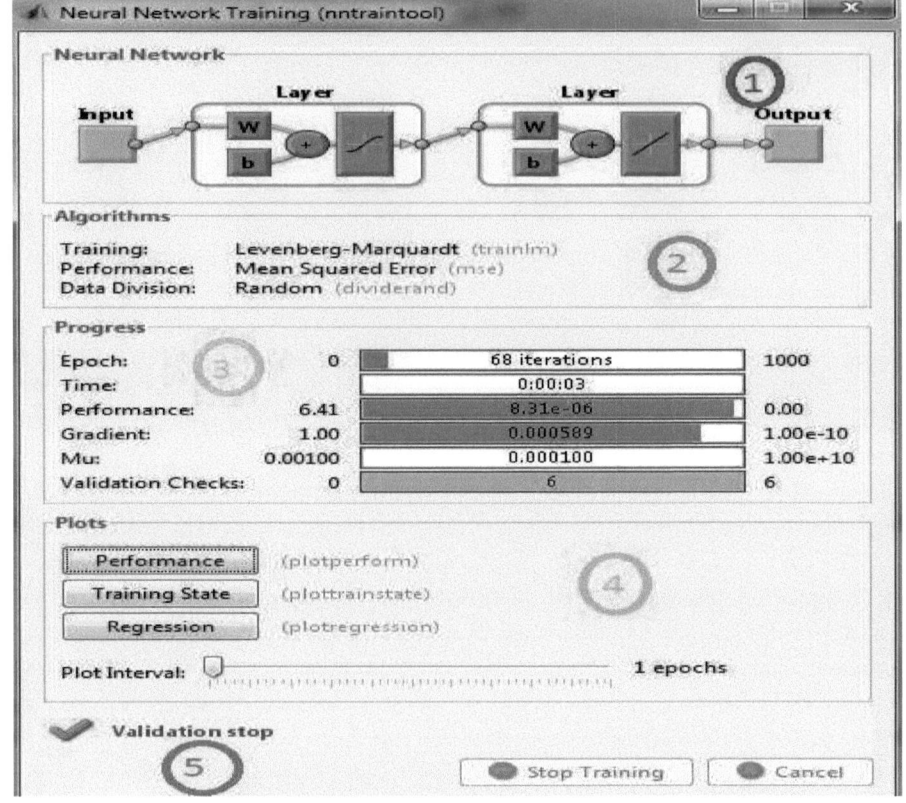

Figure V-1 Vue générale sur l'outil informatique développé (pour Nu=f(Re, Pr, Q))

Zone 1 : zone de représentation du réseau de neurone avec deux couches ainsi que les fonctions d'apprentissage. (architecture du réseau).

Zone 2 : zone d'information sur les caractéristiques de l'algorithme.

Zone 3 : zone d'affichage de la progression de simulation de l'algorithme. Dans cette zone l'utilisateur a la possibilité de suivre les paramètres de convergence de l'algorithme : nombre d'itération, temps, gradient de descente, moment du gradient, fonction de performance et nombre d'échec de validation.

Zone 4 : cette zone permet de voir trois types de courbe dont l'évolution de la fonction de performance pour notre cas la fonction mse, et les courbes de régression.

Zone 5 : visualisation du paramètre d'arrêt de l'algorithme.

V.3. Simulation du réseau de référence

Pour le développement de la corrélation du coefficient de transfert de chaleur dans les FFHTE, 130 données expérimentales ont été élaborées. Pour le contrôle de convergence l'utilisation de la validation croisée a été faite pour respecter le choix suivant :

- 60% des données inputs sont prises comme données d'apprentissage,
- 20% des données inputs sont prises comme données de validation,
- 20% des données inputs sont prises comme données de test,

La répartition des données a été effectuée au hasard par la fonction 'dividerand' de MATLAB. Il faut, tout de même, rappeler les critères d'arrêt de la simulation qui sont :

1. Le nombre maximal d'itérations est atteint,
2. Le temps maximum a été atteint,
3. L'indice de performance a atteint l'objectif,
4. Le gradient de performance a atteint un minimum, mingrad
5. Le nombre de validation a été atteint, en cas d'utilisation de validation croisée,

Le tableau V.1 résume les paramètres résultats de la simulation :

Tableau V-1 Paramètres résultats de la simulation du réseau de référence (à 13 neurones)

Paramètre	Valeur	Objectif ou valeurs limites
Fonction de performance : mse	2.7E-08	0
Temps de simulation	4 secondes	-
Gradient de descente	2.69E-05	[1E-10 ; 1]
Mu	1E-05	[1E-03 ; 1E+10]
Nombre de validation	6	[0 ; 6]
Nombre de période	325	[0 ; 1000]

Il est clair que l'arrêt de la simulation a pour origine d'atteindre le nombre de validation maximal. Le nombre de validation est un paramètre qui permet de prendre en compte le nombre d'itérations à exécuter du moment que l'indice de performance des données de validation commence à se dégrader. Pour notre cas les biais et les poids retournés seront ceux de l'itération i=325-6=319.

Pour mieux analyser ces paramètres nous avons reporté les courbes relatives à:

- L'évolution de l'indice de performance en fonction des itérations via la fonction 'plotperform' (Figure V.2)
- La régression des données via la fonction 'plotregression' (Figure V.3)

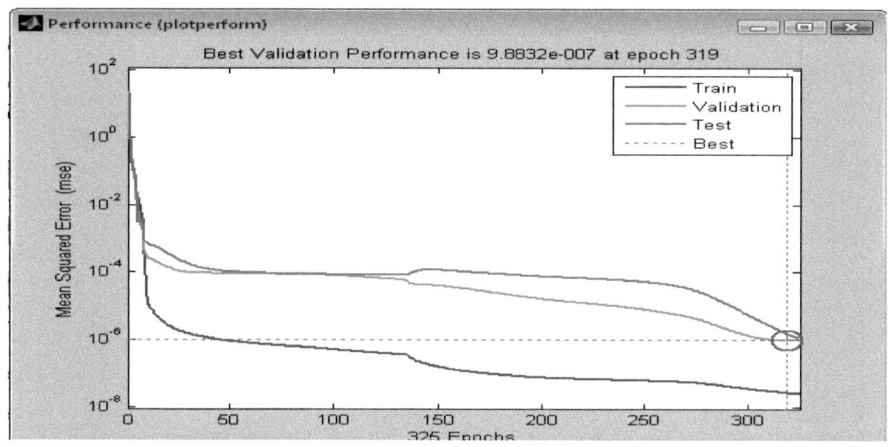

Figure V-2 Graphique performance=f(itérations)

La figure V.2 montre l'évolution de l'erreur quadratique moyenne des différents groupes de données : Apprentissage, Validation et Test au cours des itérations. Cette figure met en évidence que la fonction de performance mse atteint bien la valeur 2.7E-08 pour les données d'apprentissage. Par ailleurs, le minimum de la fonction mse des données de validation n'est que de 9.8832E-07. Cette valeur est atteinte à l'itération 319. Les données test suivent également la tendance des données de validation avec un retard de quelques itérations.

La figure V.2 permet aussi de vérifier qu'on n'a pas un problème notable de sur- apprentissage puisque les données test convergent vers une même valeur de l'indice de performance de validation. Dans le cas contraire et si le réseau a un problème de sur- apprentissage alors le mse test devrait commencer à augmenter à l'itération 319.

Le deuxième moyen de validation porte sur l'analyse des courbes de régression (Figure V.3). Cette figure montre bien que les réponses du réseau collent bien avec les sorties objectives « Target ». En effet, le paramètre R est égal à 1 pour toutes les données. Ainsi, les deux courbes Y=T (réponse=objectif) et output=f(target) ont la même pente=1 (plus R est proche de 1 plus le réseau et performant).

En plus, l'abscisse à l'ordonnée de la fonction output=f(target) est dans la plupart des cas très proche de la valeur 0. En résumé, le réseau le plus performant sera celui qui donne un R=1 et une abscisse à l'ordonnée=0.

Les deux figures 5.2 et 5.3 montrent bien que le réseau de référence permet de bien simuler les inputs. Pour vérifier encore la validité du réseau développé nous avons testé de nouvelles données de la compagne de mesure. Les mêmes tendances ont été observées dans toutes les simulations effectuées.

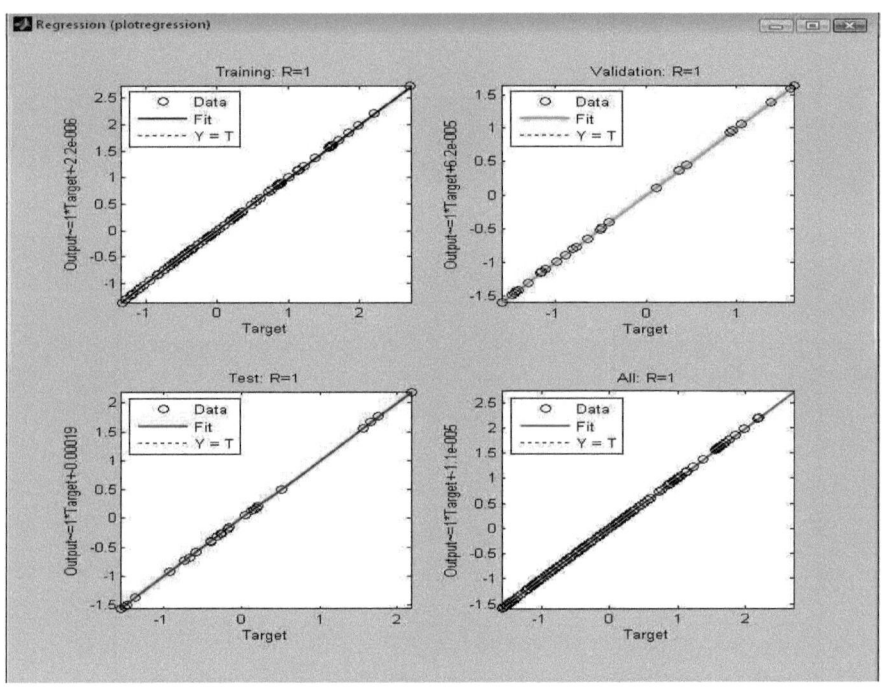

Figure V-3 Courbes de régression du réseau de référence

V.4. Validation du nombre de neurones dans la couche cachée

Dans cette partie nous avons voulu vérifier que le nombre de neurones dans la couche cachée, fixé à 13 dans notre cas, est bien le nombre optimal. Ce que nous attendons logiquement c'est une dégradation de performance globale

du réseau en cas de surestimation des neurones ou sous-estimation. Plusieurs moyens de le savoir sont:
- Mse minimum,
- Temps d'exécution,
- Nombre d'itérations avant convergence,
- Courbes de régression.

Dans ce cadre, nous avons testé le réseau en modifiant le nombre de neurones dans la couche cachée à 10, 12, 14 et 15.

Les Figures 5.4 et 5.5 présentent les variations de l'écart quadratique moyen au cours des itérations pour des réseaux à 12 et 14 neurones. Les résultats issus des autres simulations sont présentés dans les annexes A.1-A6.

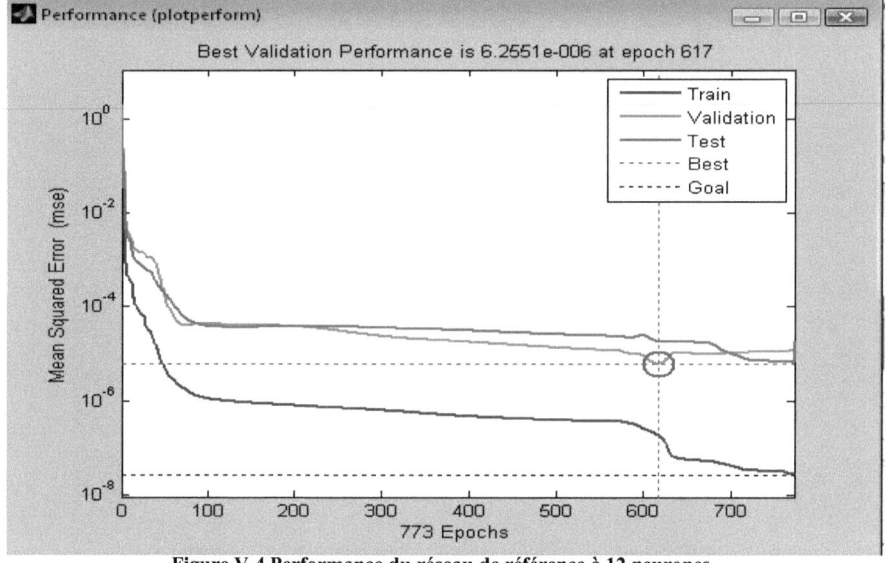

Figure V-4 Performance du réseau de référence à 12 neurones

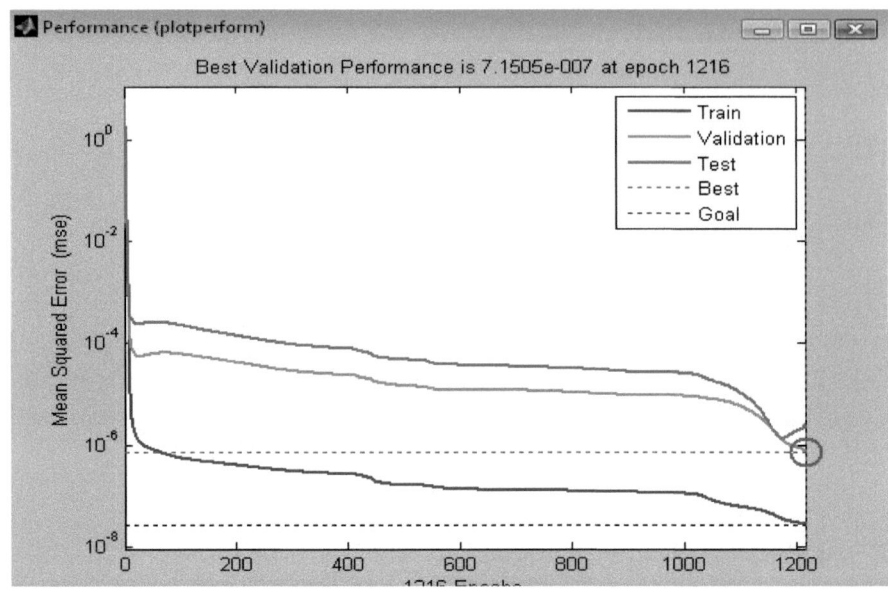

Figure V-5 Performance du réseau de référence à 14 neurones

Cette étude montre que nous avons un problème de sous-apprentissage pour un réseau à 14 neurones dans la couche cachée. En effet, la fonction mse commence à augmenter à partir d'un certain rang d'itérations (Figure V.5). Ce même comportement est observé pour un réseau à 15 neurones. En ce qui concerne les réseaux avec un nombre de neurones de 12 et 10 c'est le comportement inverse qui est observé (sur-apprentissage). La Figure V.4 illustre bien ce résultat. Ces résultats confirment bien le choix du nombre 13 pour les neurones dans la couche cachée du réseau.

V.5. Sensibilité du réseau

Dans cette partie il s'agit de tester la sensibilité du réseau vis-à-vis des paramètres: (i) nombres de neurones dans la couche cachée et (ii) de la valeur de la validation du réseau. Pour ce faire nous avons considéré 4 réseaux RNA1, RNA2, RNA4 et RNA5 avec 10, 12, 14 et 15 neurones dans la couche cachée. Nous avons comparé par la suite les performances de ces réseaux par rapport au réseau de référence (13 neurones dans la couche cachée).

V.5.1. Sensibilité du réseau à la variation de nombre de neurones de la couche cachée

Avant de commencer il faut remarquer que le résultat final dépend de l'initialisation des poids et des biais. Ceci est de plus en plus remarquable lorsque la taille de données est réduite. Certains paramètres seront aussi fortement interdépendants tels que le temps d'exécution, le nombre d'itérations avant convergence et le mse avec l'initialisation. Ce comportement s'explique par la direction de descente (signe) et sa vitesse (pour un ratio d'apprentissage dynamique) qui dépendent indirectement des valeurs initiales des biais et des poids. La relation suivante explique ce constat:

$$X_{k+1} = X_k - \alpha_k g_k \qquad (5.1)$$

Avec:

X_k : vecteur biais et poids à la $k^{\text{ème}}$ itération,

$\alpha_k * g_k$: la vitesse de descente

On voit bien que la valeur de X0 a une influence significative sur l'optimisation de l'algorithme. En toute rigueur, le meilleur critère pour mesurer la sensibilité du réseau à la variation du nombre de neurone dans la couche cachée sera le « mse=0 » et le temps mis pour l'atteindre, puisque c'est l'objectif même de l'approximation. Or, comme on ne sait pas si l'algorithme pourra converger vers cette valeur, nous pourrons se proposer un autre moyen. Nous proposons de:

- modifier l'objectif de minimisation du mse des données d'apprentissage vers celui du réseau de préférence à savoir 2.7E-08,
- faire tendre vers l'infini le nombre possible d'itérations: en pratique en augmentera la limite des itérations si la simulation ne donne pas le mse objectif,
- le nombre de validation sera mis à l'infini puisque ça nous permet de donner plus de chance à l'algorithme de pousser le calcul. Si on trouve le mse objectif on va alors vérifier que le réseau donne le mse objectif tout en étant loin de sur-apprendre.

Nous répéterons donc la simulation de réseau jusqu'à avoir le mse le plus proche de mse=2.7E-08.

Le tableau V.2 résume les différents résultats obtenus pour les différentes RNA développés:

Tableau V-2 Sensibilité du réseau de référence à la variation de nombre de neurones dans la couche cachée

Paramètre	RNA1	RNA2	RNA_REF	RNA4	RNA5
Nombre de Neurones C.C	10	12	13	14	15
Mse_min_DA	1.09E-7	1.87E-7	2.7E-08	2.69E-8	2.68E-8
Mse_min_DV	4.98E-7	6.25E-6	9.88E-07	7.15E-7	6.2E-6
Nombre itérations Total	331	773	325	1216	488
Nombre de validation	156	156	6	0	0
Temps de calcul	3s	7 s	4 secondes	12 s	5s

Avec

DA=Données Apprentissage,

DV=Données Validation

Le tableau V.3 récapitule l'écart relatif entre chaque réseau et celui de référence :

Tableau V-3 Calcul de l'écart relatif de quelques paramètres

	RNA1	RNA2	RNA4	RNA5
Neurones C.C	-23%	-7%	7%	15%
Mse_min_DA	303%	592%	-0.3%	-0.7%
Mse_min_DV	-49%	532%	-27%	527%
itérations Totales	+1.8%	137	274%	50%
Temps de calcul	-25%	75%	200%	25%

Le tableau V.3 montre bien que la sous-estimation du nombre de neurones (RNA1 et RNA2) dégrade drastiquement l'indice de performance Mse_min_DA, qui doit être minimisé, alors qu'on surestimant le nombre de neurones on garde un

Mse_min_DA performant par rapport à celui du réseau de référence à 13 neurones.

Nous remarquons aussi que le problème de validation ne se pose pas en surestimant le nombre de neurones pour les tests réalisés. Nous ne pouvons pas juger ce paramètre car ce paramètre n'est pas un critère d'arrêt.

En ce qui concerne le nombre d'itération il est évident que tous les réseaux simulés tendent à faire plus de traitements pour arriver à l'objectif. Pour le temps de calcul il est difficile de le juger puisque pour tous les cas c'est de l'ordre de dizaine de secondes. En plus, étant donné le nombre important de paramètres entrant en en jeux (initialisation, perturbation de calcul, réponse de logiciel, etc.) il est difficile d'associer directement le temps de calcul aux nombres de neurones dans la couche cachée. On pourra le vérifier, si on avait plus de données, en simulant des réseaux à plus grand nombre de neurones.

Les courbes de performance et de régression relatifs à ces simulations sont reportées dans les Annexe : A1-A6. Les courbes de régression donnent des résultats pratiquement similaires et ceci est attendu puisque on a laissé les réseaux évoluer pour atteindre une performance globale (Mse) assez proche du Mse du réseau de référence. C'est seulement les courbes de performance qui mettent en valeur le problème du sur-apprentissage pour les réseaux ayant un nombre de neurones inférieur à celui du réseau optimal. On remarque bien que la courbe de performance des données de validation passe par un minimum puis augmente, et celui du sous-apprentissage pour les deux réseaux ayant un nombre de neurones supérieur à celui du réseau optimal. On remarque bien que la courbe de validation ou celle de test a tendance à vouloir encore diminuer sauf que l'objectif de minimisation est atteint entrainant l'arrêt de simulation.

V.5.2. Sensibilité du réseau à la variation de la valeur de la validation du réseau

Une dernière vérification concerne le critère de validation croisée qui a été fixé à 6 pour notre réseau de référence. Cette valeur a été considérée comme optimale dans la littérature, Parizeau (2004). Pour ce faire, nous avons augmenté cette valeur ainsi que le nombre d'itération maximal (limité à 10000).

Plusieurs simulations ont été réalisées afin de déterminer les valeurs minimales du mse que peut avoir ce réseau. Le tableau V.4 compare l'influence du critère de validation sur la performance du réseau.

Tableau V-4 Impact du critère d'arrêt sur validation

Paramètre	RNA2	RNA_REF
Nombre de Neurones C.C	13	13
Mse_min_DA	8.87E-12	2.7E-08
Mse_min_DV	7.6E-10	9.88E-07
Nombre itérations Total	10000	325
Nombre de validation	0	6=valeur max
Temps de calcul	101 s	4 secondes
Critère d'arrêt	Arrêt sur nombre d'itérations totales	Arrêt sur nombre de validation

La figure V.6 montre bien que l'augmentation de la limite de la valeur du critère d'arrêt sur validation croisée permet de donner plus de chance au réseau pour minimiser encore la fonction de performance au coût du stockage mémoire et du temps. Le graphe de performance indique deux zones principales :

- une première zone en noir qui montre une allure de sur-apprentissage du réseau et qui a été normalement détectée rapidement par le réseau de référence.

- une deuxième zone en vert ou l'algorithme ne détecte pas un sur-apprentissage et ceci implique que le réseau peut encore continuer à simuler si on avait augmenté le nombre d'itération maximum.

Il est clair qu'entre les deux zones la fonction de performance des données de validation et de test ne gardent pas une même allure de descente comme celle des données d'apprentissage. Il est évident que si la valeur du nombre maximum de validation était plus faible que 10000 on aura eu un arrêt sur validation.

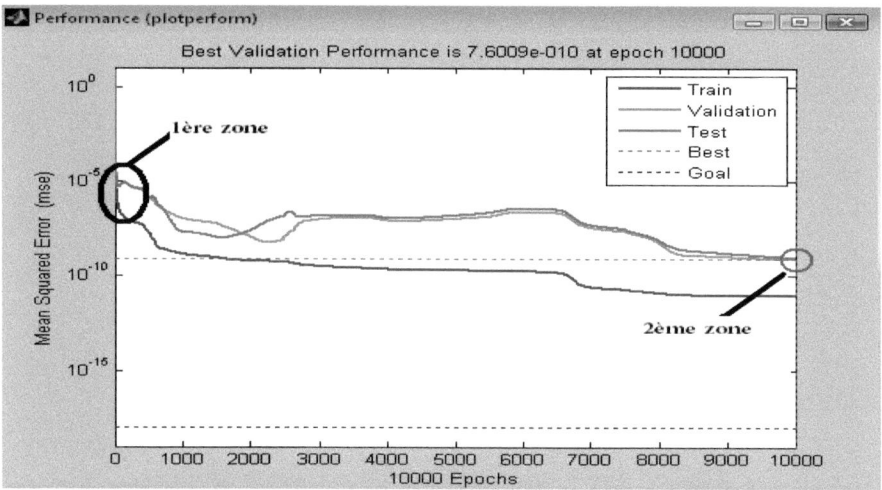

Figure V-6 Performance du réseau de référence en augmentant la valeur maximale du nombre de validation

V.6. Poids et Biais du réseau de référence

Les étapes précédentes ont permis l'apprentissage, le test et la validation du modèle de référence. C'est ce dernier qui a été gardé pour la corrélation du coefficient de transfert de chaleur par évaporation dans des évaporateurs FFHTE à haute température TBT (80°C <T<100°C). Les différents Biais et poids des neurones de ce réseau sont résumés dans les tableaux V.5 et V.6.

Tableau V-5 Poids vers la couche cachée du réseau de référence

	Re$_F$	Pr$_F$	φ
Neurone 1	-0.020638	1.2805	0.47919
Neurone 2	3.4523	-2.333	1.0295
Neurone 3	-1.7966	-2.1475	0.91417
Neurone 4	-0.18293	-1.9656	2.1174
Neurone 5	-0.04514	0.25896	-1.079
Neurone 6	-0.22396	0.4992	3.5089
Neurone 7	-2.0441	1.4696	1.2819
Neurone 8	1.5319	0.12762	0.054382
Neurone 9	1.8033	-0.74905	-0.30808
Neurone 10	0.0026754	-4.7485	-0.2112
Neurone 11	-0.69555	-0.41808	-0.11165
Neurone 12	-0.66376	-2.4109	-0.88887
Neurone 13	-4.8232	-0.064224	-0.032744

Tableau V-6 Poids vers la couche de sortie du réseau de référence

	Vers sortie
Neurone 1	0.72815
Neurone 2	0.00023167
Neurone 3	0.0028174
Neurone 4	0.10193
Neurone 5	-0.096921
Neurone 6	-0.033194
Neurone 7	0.0017445
Neurone 8	-0.8152
Neurone 9	0.012749
Neurone 10	-0.23748
Neurone 11	0.14261
Neurone 12	0.05284
Neurone 13	1.8146

Tableau V-7 couche cachée du réseau de référence

	Biais
Neurone 1	0.26793
Neurone 2	-4.1977
Neurone 3	0.81827
Neurone 4	1.7424
Neurone 5	1.1776
Neurone 6	2.3876
Neurone 7	-0.44535
Neurone 8	2.1215
Neurone 9	2.4694
Neurone 10	2.8176
Neurone 11	-0.31612
Neurone 12	-2.1267
Neurone 13	-6.267

Tableau V-8 Biais couche cachée du réseau de référence

	Biais output
Neurone de sortie	2.2945

Les résultats issus du réseau sont résumés dans les tableaux V.9 & V.10. Sur le même tableau nous avons rapporté également les données expérimentales pour un objectif de comparaison. Les résultats obtenus montrent un excellent accord des données générées par le modèle avec l'expérience. En effet, la majorité des sorties du RNA (plus de 90%) donnent un écart inférieur à 3% par rapport aux résultats expérimentaux. Ce résultat prouve l'apport de cette méthode par rapport aux techniques classiques d'élaboration de corrélations qui donnent généralement des écarts supérieurs à 5%. L'ecart relative est donnée par l'expression:

$$Ecart = \frac{Nu_{RNA} - Nu_{Exp}}{Nu_{Exp}} \times 100 \qquad (5.2)$$

Tableau V-9 Résultats obtenus à partir de la méthode RNA

N	Nu_F-Exp	Nu_F-RNA	Ecart relative	N	Nu_F-Exp	Nu_F-RNA	Ecart relative
1	0.284009144	0.284027037	0.63%	44	0.271724213	0.271728786	0.17%
2	0.269685291	0.269691763	0.24%	45	0.269882060	0.269885432	0.12%
3	0.262865204	0.262868153	0.11%	46	0.268482836	0.268493038	0.38%
4	0.258679356	0.258682983	0.14%	47	0.267385787	0.267386609	0.03%
5	0.255790490	0.255765423	-0.98%	48	0.266505321	0.266525769	0.77%
6	0.253655167	0.253658342	0.13%	49	0.265786013	0.265787706	0.06%
7	0.252003867	0.252006455	0.10%	50	0.265190199	0.265193104	0.11%
8	0.250685296	0.250696828	0.46%	51	0.264691287	0.264695371	0.15%
9	0.249606963	0.249608122	0.05%	52	0.264269910	0.264275138	0.20%
10	0.248708672	0.248709061	0.02%	53	0.269452428	0.269500991	1.80%
11	0.247949315	0.247949707	0.02%	54	0.254083788	0.254090707	0.27%
12	0.247299734	0.247279208	-0.83%	55	0.246618116	0.246620712	0.11%
13	0.246738591	0.246740544	0.08%	56	0.241958080	0.241958642	0.02%
14	0.310366405	0.310371965	0.18%	57	0.238691895	0.238698817	0.29%
15	0.297934303	0.297942864	0.29%	58	0.236241968	0.236242893	0.04%
16	0.292283154	0.292293939	0.37%	59	0.234320163	0.234321248	0.05%
17	0.288955899	0.288961909	0.21%	60	0.232763876	0.232764925	0.05%
18	0.286750228	0.286731016	-0.67%	61	0.231473211	0.231474096	0.04%
19	0.285184545	0.285186697	0.08%	62	0.230382852	0.230383488	0.03%
20	0.284023037	0.284023289	0.01%	63	0.229447996	0.229448323	0.01%
21	0.283134891	0.283136473	0.06%	64	0.228636730	0.228636752	0.00%
22	0.282441019	0.28243763	-0.12%	65	0.227925604	0.227925148	-0.02%
23	0.281890498	0.281895524	0.18%	66	0.268182893	0.268201568	0.70%
24	0.281448910	0.281475549	0.95%	67	0.252723134	0.252729919	0.27%
25	0.281092084	0.281083932	-0.29%	68	0.245201159	0.245203473	0.09%
26	0.280802511	0.28081218	0.34%	69	0.240499768	0.240499941	0.01%
27	0.322532313	0.322542184	0.31%	70	0.237200676	0.237191188	-0.40%
28	0.310973400	0.310983799	0.33%	71	0.234723311	0.234724779	0.06%
29	0.305861806	0.305869869	0.26%	72	0.232777914	0.232776052	-0.08%
30	0.302930857	0.302936152	0.17%	73	0.231200895	0.231202598	0.07%
31	0.301040534	0.301043072	0.08%	74	0.229891712	0.229893298	0.07%
32	0.299737783	0.299719199	-0.62%	75	0.228784602	0.22878598	0.06%
33	0.298802353	0.298804944	0.09%	76	0.227834441	0.227835548	0.05%
34	0.298112880	0.298117822	0.17%	77	0.227009073	0.227007257	-0.08%
35	0.297596466	0.297589324	-0.24%	78	0.226284867	0.226285314	0.02%
36	0.297206468	0.297215726	0.31%	79	0.275142219	0.275155631	0.49%
37	0.296911554	0.296922801	0.38%	80	0.260181955	0.260184986	0.12%
38	0.296689859	0.296702997	0.44%	81	0.252968623	0.25296916	0.02%
39	0.296525635	0.296540576	0.50%	82	0.248493934	0.248495961	0.08%
40	0.297574158	0.297564385	-0.33%	83	0.245375231	0.245355846	-0.79%
41	0.284223913	0.284269329	1.60%	84	0.243048274	0.243051011	0.11%
42	0.278005431	0.278011578	0.22%	85	0.241232201	0.241211937	-0.84%
43	0.274261466	0.274283133	0.79%	86	0.239768830	0.239771131	0.10%

Tableau V-10 Résultats obtenus à partir de la méthode RNA (suite)

N	Nu_F-Exp	Nu_F-RNA	Ecart relative
87	0.238561160	0.238551379	-0.41%
88	0.237545874	0.237547322	0.06%
89	0.236679616	0.236673936	-0.24%
90	0.235931547	0.235941598	0.43%
91	0.235279046	0.235279155	0.00%
92	0.281435436	0.281410951	-0.87%
93	0.266926859	0.266926993	0.01%
94	0.259992630	0.25998613	-0.25%
95	0.255722943	0.255713302	-0.38%
96	0.252767364	0.252744868	-0.89%
97	0.250576417	0.250579831	0.14%
98	0.248877290	0.248680244	-7.92%
99	0.247516690	0.247519068	0.10%
100	0.246400816	0.24640255	0.07%
101	0.245468566	0.245478704	0.41%
102	0.244678180	0.244686621	0.34%
103	0.244000012	0.244000368	0.01%
104	0.243412352	0.24340225	-0.42%
105	0.287209496	0.28721516	0.20%
106	0.273115343	0.273105784	-0.35%
107	0.266437191	0.266441366	0.16%
108	0.262355595	0.262360151	0.17%
109	0.259549684	0.259553956	0.16%
110	0.257483528	0.257487205	0.14%
111	0.255891699	0.255866622	-0.98%
112	0.254625391	0.254627486	0.08%
113	0.253593741	0.253584967	-0.35%
114	0.252737676	0.252738018	0.01%
115	0.252016904	0.252017447	0.02%
116	0.251402869	0.25140429	0.06%
117	0.250874701	0.250876989	0.09%
118	0.292564972	0.292567696	0.09%
119	0.278855200	0.278851296	-0.14%
120	0.272414562	0.272419879	0.20%
121	0.268507422	0.268512634	0.19%
122	0.265840327	0.265821452	-0.71%
123	0.263889915	0.263893553	0.14%
124	0.262397606	0.262400225	0.10%
125	0.261218755	0.261217188	-0.06%
126	0.260265223	0.2602657	0.02%
127	0.259479821	0.259480415	0.02%
128	0.258823615	0.258825264	0.06%
129	0.258269065	0.258271748	0.10%
130	0.257796077	0.258165359	0.14%

V.7. Comparaison entre les méthodes RNA et la Régression

L'objectif de cette partie est de discuter l'apport de la méthode RNA par rapport à la méthode classique de régression. Pour ce faire, nous avons utilisé l'ensemble des données expérimentales obtenues afin de développer une corrélation de type:

$$Nu_f = a.\operatorname{Re}_f^b.\operatorname{Pr}_f^c.\Phi^d \qquad (5.3)$$

Dans cette corrélation nous avons choisi d'introduire le terme F car le traitement des résultats lors de l'élaboration du réseau montre que le nombre de Nusselt Nuf (et par la suite le coefficient de transfert de chaleur h) dépend du flux de chaleur. En effet, les poids du neurone q sont non nuls. Ceci veut dire que dans le cas des évaporateurs FFHTE à haute température une ébullition nucléée a lieu sur la surface des tubes.

Les coefficients a, b, c et d de la corrélation (5.2) sont déterminés en utilisant la méthode de la régression linéaire:

$$Ln(Nu_f) = Ln(a) + b.Ln(\operatorname{Re}_f) + c.Ln(\operatorname{Pr}_f) + d.Ln(\Phi) \qquad (5.4)$$

En effet, en choisissant des données correspondant aux mêmes flux Φ et nombre de Prantdtl Prf le coefficient b peut être déterminé par la méthode des moindres carrées. La Les résultats de ce travail sont présentés dans le tableau V.10

Tableau V-11 Résultats de la régression linéaire

Constante	a	b	c	d
valeur	0.157503888	0.999955833	1.124910059	1.000025072

Afin de valider l'apport de la méthode RNA nous avons rapporté sur la figure V.7.(a) la relation entre NuF-Reg (valeurs issues de la régression linéaire) et NuF-Exp (données expérimentales). Par ailleurs sur la figure V.7.(b) nous avons présenté la relation entre NuF- Exp et Nuf-RNA. Les courbes obtenues montrent que les valeurs NuF-RNA coincident parfaitement avec NuF-Exp. En effet, tous les points sont sur la droite y=x (R^2=1). Cependant les données NuF-Reg présentent une petite dispersion autour de la droite y=x. Nous avons obtenus une valeur de R2 proche de 0.9.

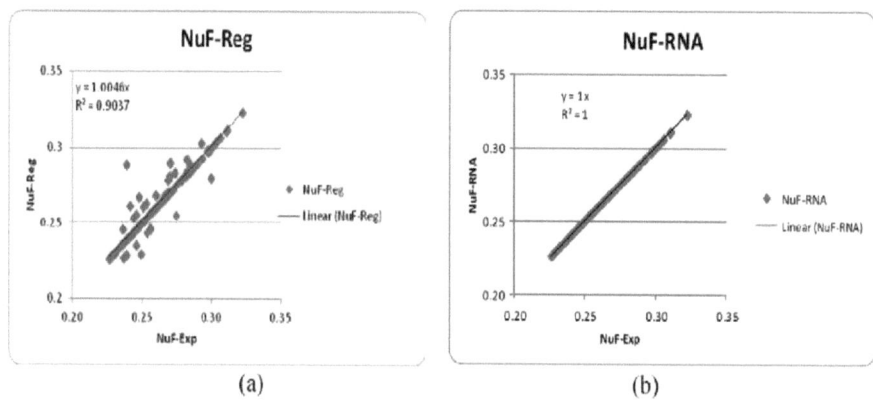

(a) (b)

Figure V-7 Comparaison entre les méthodes RNA et régression linéaire

(a) régression linéaire (b) réseau RNA

Ce résultat montre que la corrélation développée dans ce travail est très bonne. Elle peut être utilisée pour une conception précise des évaporateurs FFHTE dans le procédé HT- MED.

V.8. Conclusion

Le travail effectué a permis de mesurer l'influence du nombre de neurone dans la couche cachée. Nous avons pris de réseaux dont le nombre de neurone à la couche cachée sont proche du celui du réseau de référence et nous avons trouvé qu'on peut considérer le nombre 13 comme nombre de référence de la couche cachée.

Pour se faire, nous avons étudié l'impact du nombre de neurones dans la couche cachée sur l'évolution de l'indice de performance. Nous avons utilisé pour cela un module Neural Network Box de l'outil MATLAB pour simuler différents RNA. Plusieurs RNA de même architecture globale mais avec un nombre de neurones différents dans la couche cachée. Les résultats ont été discutés et nous avons mis en évidence l'influence de la taille de données d'apprentissage pour la construction d'un bon RNA.

Nous avons poussé l'analyse de sensibilité et changer d'autres paramètres tels que la fonction de performance ou bien la valeur objective pour mieux qualifier le réseau de référence. Comme l'objectif final est de trouver un réseau capable de donner de bon résultats on pourra confirmer le choix de 13 neurones dans la couche cachée.

Une autre vérification concerne l'influence du critère de validation croisée qui a montré que pour des tailles réduite et moyenne d'un réseau (c'est notre cas), l'utilisateur reste le juge ultime pour le choix de l'architecture optimale de son réseau.

Nous avons montré que s'affranchir du critère de validation croisée permet d'avoir un gain de l'ordre de 10E+04 dans le critère de performance et donc de mesurer un écart moyen entre l'objectif et la réponse de 10E-06 au lieu de 10E-04. Tout de même le temps est à multiplier par un facteur de l'ordre de la centaine et le nombre d'itérations par un facteur de l'ordre des dizaines.

Conclusion Générale

Tout au long de ce travail, nous avons essayé d'implémenter une corrélation afin de prédire le coefficient de transfert de chaleur dans une nouvelle génération d'évaporateurs FFHTE utilisés dans le procédé de dessalement par distillation multiple effets MED. L'originalité de ces évaporateurs réside dans les possibilités qu'il offre pour pouvoir fonctionner à haute température afin d'augmenter les performances du procédé sans problèmes majeurs d'entartrage. En effet, nous passons d'une température de 75°C à 95°C. Ceci est rendu possible par le développement d'un nouvel anti-tartre efficace à haute température.

Ce travail est réalisé dans le cadre d'une coopération entre l'entreprise sud-coréenne Doosan Heavy Industries (leader mondial du dessalement thermique), la compagnie allemande BASF (spécialisée dans les produits chimiques) et notre laboratoire de recherche.

Nous avons montré dans un premier temps les difficultés de mettre en place une équation analytique pour le coefficient de transfert à cause du nombre élevé de variables qui rendent la tâche quasi impossible. En plus, la taille des évaporateurs (des milliers de tubes) rendent la tâche très complexe vue le temps de calcul requis.

Par ailleurs, nous avons montré que les corrélations existantes sont spécifiques à des configurations bien précises, et par la suite leur utilisation ne peut pas garantir de bons résultats. Pour ce travail, nous avons mis en place un nouveau dispositif expérimental permettant d'élaborer les données expérimentales nécessaires à l'établissement de cette corrélation. En plus, nous avons décidé de ne pas utiliser une approche classique de régression linéaire, faute de précision. Notre solution était donc d'utiliser une variante des algorithmes génétiques à savoir les réseaux de neurones artificiels.

Dans la première partie de ce travail nous avons présenté cette méthode en précisant ses avantages et ses limitations. Nous avons mis l'accent sur son efficacité dans le contexte de notre travail. Une attention particulière est portée à l'application de cette méthode dans le domaine des transferts thermiques.

Après une première partie bibliographique nous avons entamé une deuxième partie qui touche au cœur de notre travail. En effet, dans un premier temps nous avons présenté, d'une manière détaillée, le dispositif expérimental que nous avons mis en place pour simuler l'évaporateur FFHTE. Pour l'élaboration des tests nous avons utilisé la méthode de plans d'expériences afin de minimiser le nombre de tests à réaliser tout en gardant une précision maximale. Ainsi, 130 tests ont été fixés par cette méthode et leurs conditions de fonctionnement établies. En ce qui concerne le traitement des résultats expérimentaux, nous avons déterminé le coefficient de transfert de chaleur par évaporation en mesurant la quantité d'eau condensée, les températures et les débits des fluides s'écoulant dans l'évaporateur. Nous avons choisi de doser l'antitartre avec une concentration élevée (8 ppm) afin d'éviter tout dépôt de tartre sur les tubes.

Le dispositif expérimental nous a servi à fournir les données nécessaires à la construction de l'algorithme RNA, et qui par la suite nous a permis de mettre en place une corrélation du coefficient de transfert spécifique au FFHTE. Nous avons aussi mesuré la sensibilité de l'algorithme en essayant de faire varier certains paramètres et analyser l'incidence sur les résultats.

Pour l'élaboration du réseau de neurones artificiels nous avons choisi une configuration à trois couches (couche entrée, couche cachée et couche de sortie) avec un processus de retro- propagation. Nous avons fixé le nombre de neurones dans la couche cachée à 13. L'ensemble de ces choix a été discuté et mis en évidence avec différentes simulations.

Nous avons réparti les données en trois catégories : (i) apprentissage, (ii) test et (iii) validation. Cette dernière phase montre un excellent accord entre les sorties du réseau et les données expérimentales. En effet, un coefficient de régression de 1 a été obtenu en corrélant les résultats du réseau avec les données expérimentales. Enfin, afin de mettre en évidence l'apport des réseaux de neurones nous avons comparé entre cette méthode et la régression linéaire.

En perspectives à ce travail, Doosan compte finaliser cette étude afin de déterminer la concentration optimale de l'antitartre en analysant l'effet de ce paramètre sur la quantité du tartre déposé, et ce pour des durées variables.

En plus, nous comptons valider l'outil développé sur un évaporateur industriel. Dans ce cadre, un deuxième pilote expérimental (de taille industrielle avec une production de 430 m^3/j) est en train d'être construit sur le site de Changwon en Corée de sud.

Références Bibliographiques :

Bourouni K., Chaibi T., Modelling of heat and mass transfer in a horizontal-tube falling-film condenser for brackish water desalination in remote areas, desalination, vol. 166, 2004, pp. 17-24.

Bromley L.A., Singh D., Stanley M. R, Thermodynamic properties of sea salt solutions, AIChE Journal, Vol. 20, Issue 2, 1974, pp. 326–335.

Chen I.Y., Kocamustafaogullari G., An experimental study and practical correlations for overall heat transfer performance of horizontal tube evaporator design. Heat transfer equipments fundamentals, design, applications and operating problems, ASME HTD 108, 1989, pp. 23–32.

Chyu M.-C., Bergles A.E., Horizontal-tube falling-film evaporation with structured surfaces, J Heat Transfer 111, 1989, pp.518–524.

Chyu M.-C., Bergles A.E., An analytical and experimental study of falling-film evaporation on a horizontal tube, J Heat Transfer, 109, 1987, pp. 983–990.

Chyu M.-C., Bergles A.E., Mayinger F., Enhancement of horizontal tube spray film evaporators, Proceedings of the seventh international heat transfer conference, vol. 6 1982, pp. 275–80.

Conti R.J., Experimental investigation of horizontal tube ammonia film evaporators with small temperature differentials, Proceedings of the fifth ocean thermal energy conversion (OTEC), Miami Beach, vol. 3 1978, pp. VI-161-80.

El-Dessouky H.T, Ettouney H.M., Fundamentals, of Salt Water Desalination. Amsterdam, Elsevier Science Ltd., 2002.

Fletcher L.S., Sernas V., Galowin L., Evaporation from thin water films on horizontal tubes, Ind Eng Chem, Process Des Develop 13, 1975, pp 265–269.

Fujita Y., Tsutsui M., Experimental investigation of falling film evaporation on horizontal tubes, Heat Transfer—Jpn Res 27, 1998, pp. 609–618.

Fujita Y., Tsutsui M., Evaporation heat transfer of falling films on horizontal tube. Part 2, Experimental study, Heat Transfer-Jpn Res, vol.24, 1995, pp. 17–31.

Garcia J.M.G., Jabardo J.M.S., Stoecker W.F., Falling film ammonia evaporators. ACRC Technical Report, TR-33, University of Illinois, Urbana, 1992.

Glade H., Al-Rawajfeh A.E., Modeling of CO2 release and the carbonate system in multiple- effect distillers, Desalination, 222, 2008, pp.605-625.

Groupy J., La method des plans d'expériences, Paris, Editions Dunod, 1996

GWI, Global Water Intelligence, 10, Issue 9, 2009.

Hebb D., The Organization of Behaviour, John Wiley & Sons, 1949, ISBN 9780471367277.

Hopfield J. J., Neural networks and physical systems with emergent collective computational abilities, Proceedings of the National Academy of Sciences, 1982, USA, 79:2554–2558.

Hu X., Jacobi A.M., The intertube falling film. Part 2. Mode effects on sensible heat transfer to a falling liquid film, J Heat Transfer, vol 118, 1996, pp 626–633.

Islamoglu Y., A new approach for the prediction of the heat transfer rate of the wire-on-tube type heat exchanger-use of an artificial neural network model, Appl. Therm. Eng. 23, 2003, 243–249.

Jambunathan K., Hartle S.L., Ashforth-Frost S., Fontama V.N., Evaluating convective heat transfer coefficients using neural network, Int. J. Heat Mass Transfer 39 (1996) 2329– 2332.

Kakac S., Liu H., Heat Exchangers, CRC Press, New York, 1998.

Kister, H. Z., Distillation Design (1st Edition ed.). McGraw-Hill, 1992, ISBN 0-07-034909-6.

Kohonen T., Self-organized formation of topologically correct feature maps, Biological Cybernetics, vol. 43, 1982, pp. 59–69.

Kohonen T., Associative memory: A system theoretical approach, Springer, New York, 1977.

Leinonen L., Kangas J., Juvas A., Pattern Recognition of Hoarse and Healthy Voices by the Self-Organizing Map (Lea), ICANN-91 proceedings, Amsterdam: Elsevier, Vol. 2, 1991. pp. 1385-1388.

Liu Z.H., Zhu Q.Z., Chen Y.M., Evaporation heat transfer of falling film on a horizontal tube bundle, Heat Transfer—Asian Res 3, 2002, 42–55.

Liu P., The evaporating falling film on horizontal tubes. PhD Thesis, University of Wisconsin- Madison, 1975.

Minsky M., Papert, S., Perceptrons: An Introduction to Computational Geometry, MIT Press, Cambridge, MA, 1969.

Mitrovic J., Influence of tube spacing and flow rate on heat transfer from a horizontal tube to a falling liquid film, Proceedings of the eighth international heat transfer conference, San Francisco, vol. 4 1986, p. 1949–56.

Mujtaba I.M., Hussain M.A., Application of Neural Network and other Learning Technologies in Process Engineering, London, Imperial College Press, 2001.

Nielsen R. H., Neurocomputing, Reading, MA: Addison-Wesley, 1990.

Osman A.H., Al-Ghannam M.N., Al-Shail K.A., Farooque A. M., Al-Rasheed R., Al- Fozan S., Al-Arifi A.R., Hirai M., Taniguchi Y., Araki S., Harada K., Maekawa K., Successful Operation of MED/TVC Desalination Process at TBT of 125°C without Scaling, IDA Conferences, Dubai (2009).

Owens W.L., Correlation of thin film evaporation heat transfer coefficients for horizontal tubes, Proceedings of the fifth OTEC conference, Miami Beach, Vol. 3, 1978, pp. VI- 71-89.

Parizeau M., Cours de Réseaux de Neurones, Université de Laval, GIF-21140 et GIF-64326, 2004.

Parken W.H., Fletcher L.S., Sernas V., Han J.C., Heat transfer through falling film evaporation and boiling on horizontal tubes, J Heat Transfer, vol. 112, 1990, pp.744– 750.

Parken W.H., Fletcher L.S., Heat transfer in thin liquid films flowing over horizontal tubes, Proceedings of the seventh international heat transfer conference, Munich, vol. 4, 1982, pp. 415–20.

Parken W.H., Heat transfer to thin films on horizontal tubes. PhD Thesis, Rutgers University; 1975.

Ribatski G., Jacobi A.M., Falling-film evaporation on horizontal tubes - a critical review, Review Article, International Journal of Refrigeration, 28, 2005, pp 635–653.

Rifert V.G., Podberezny V.I., Putilin J.V., Nikitin J.G., Barabash P.A., Heat Transfer in thin film-type evaporator with profiled tubes, Desalination 74, 1989, pp. 363–372.

Rezzazadah F., Imh S.W, Bourouni K., Choi H.S., Yousouf M., DOOSAN Advanced MED- TVC Design, Asia-Pacific Conference on Desalination and Water Reuse, Qindao, Chine, 22-25 juin 2010

Robert P.H., Green D. W. Perry's Chemical Engineers' Handbook (6th Edition ed.). McGraw- Hill, 1984, ISBN 0-07-049479-7.

Rogers J.T., Goindi S.S., Experimental laminar falling film heat transfer coefficients on a large diameter horizontal tube, Can. J. Chem. Eng 67, 1989, pp.560–568.

Rosenblatt F., The Perceptron-a perceiving and recognizing automaton, Report 85-460-1, Cornell Aeronautical Laboratory, 1957.

Rumelhart, D. E., McClelland, J. L., Parallel Distributed Processing: Explorations in the Microstructure of Cognition (1986), Volume 1: Foundations. MIT Press, Cambridge, MA.

Sabin S.M., Poppendiek H.F., Film evaporation of ammonia over horizontal round tubes, Proceedings of the fifth OTEC conference, Miami Beach, vol. 3, 1978, pp VI-237-60.

Sablani S.S., A neural network approach for non-iterative calculation of heat transfer coefficient in fluid–particle systems, Chemical Engineering and Processing, 40, 4, 2001, pp. 363–369.

Sernas V., Heat transfer correlation for subcooled water films on horizontal tubes, J Heat Transfer, 101, 1979, pp. 176–178.

Tan Y., Wang G., Wang S., Cui N., An experimental research on spray falling film boiling on the second generation mechanically made porous surface tubes, Proceedings ninth international heat transfer conference, Jerusalem, vol. 6, 1990, pp. 269–73.

Tanvir M.S., Mujtaba I.M., Neural network based correlations for estimating temperature elevation for seawater in MSF desalination process, Desalination, vol. 195, 2006, pp. 251–272.

Widrow B., Hoff M.E., Adaptative switching circuits, IRE WESCON record, vol. 4, 1960, pp.96-104.

Zeng X., Chyu M.-C., Ayub Z.H., Evaporation heat transfer performance of nozzle-sprayed ammonia on a horizontal tube, ASHRAE Trans, 101, 1, 1995, pp 136–149.

Annexe

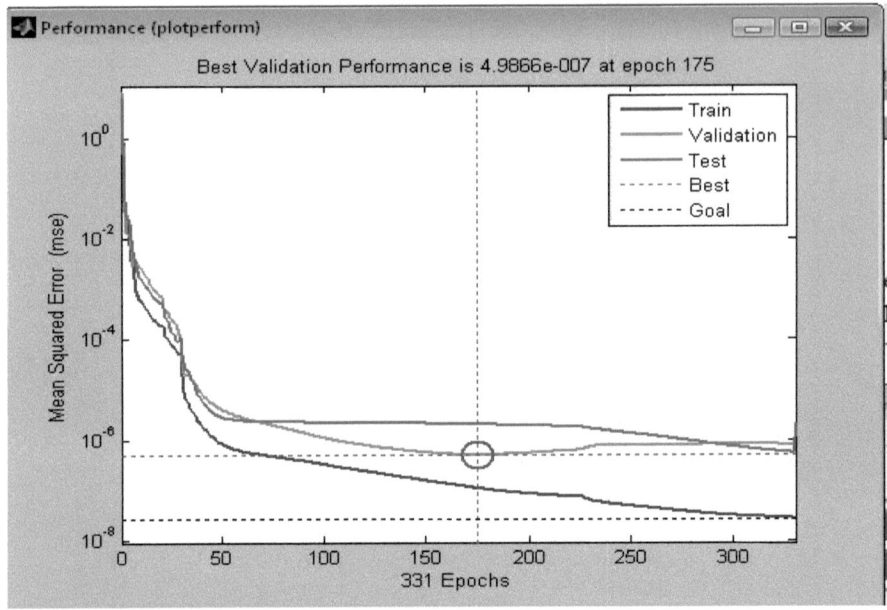

Figure A.1 : Performance RNA REF à 10 neurones

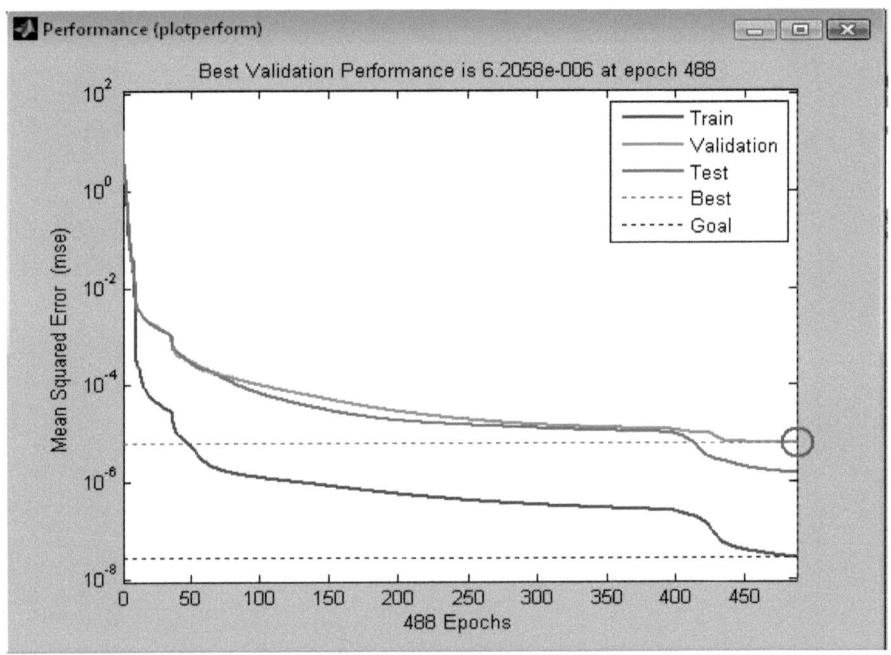

Figure A.2 : Performance RNA REF à 15 neurones

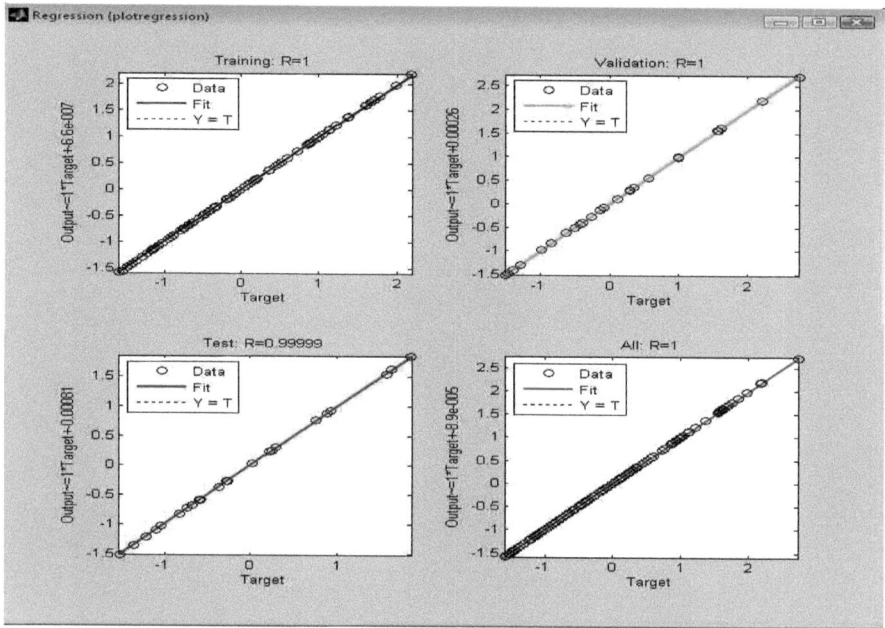

Figure A.3 : Régression du RNA REF à 12 neurones

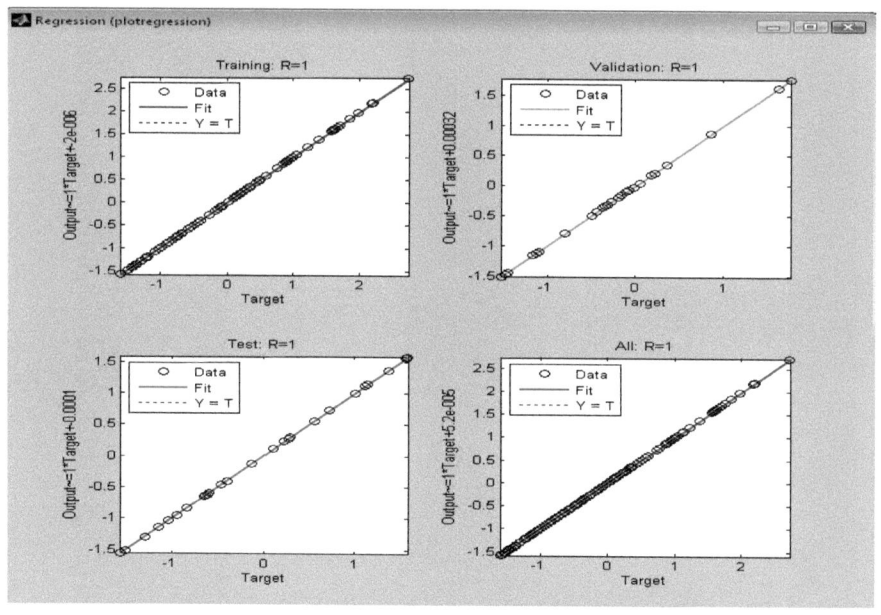

Figure A.4 : Régression du RNA REF à 10 neurones

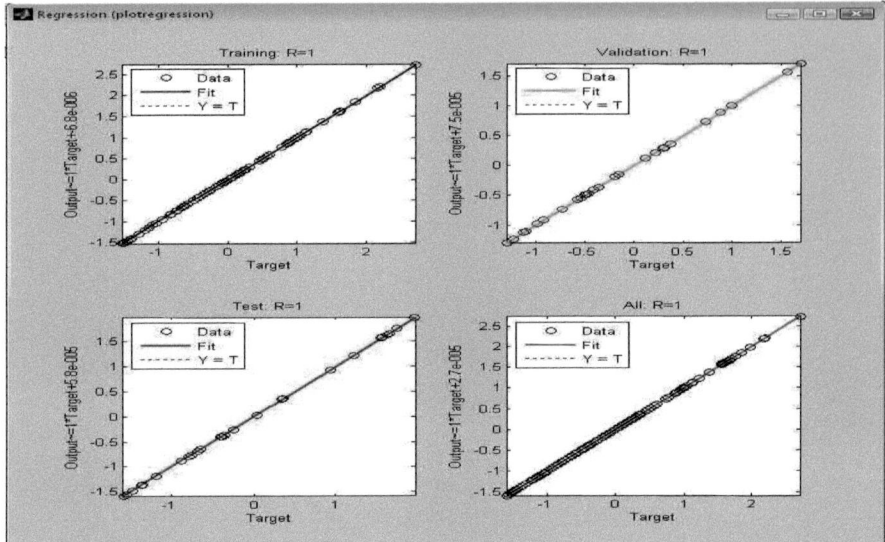

Figure A.5 : Régression du RNA REF à 14 neurones

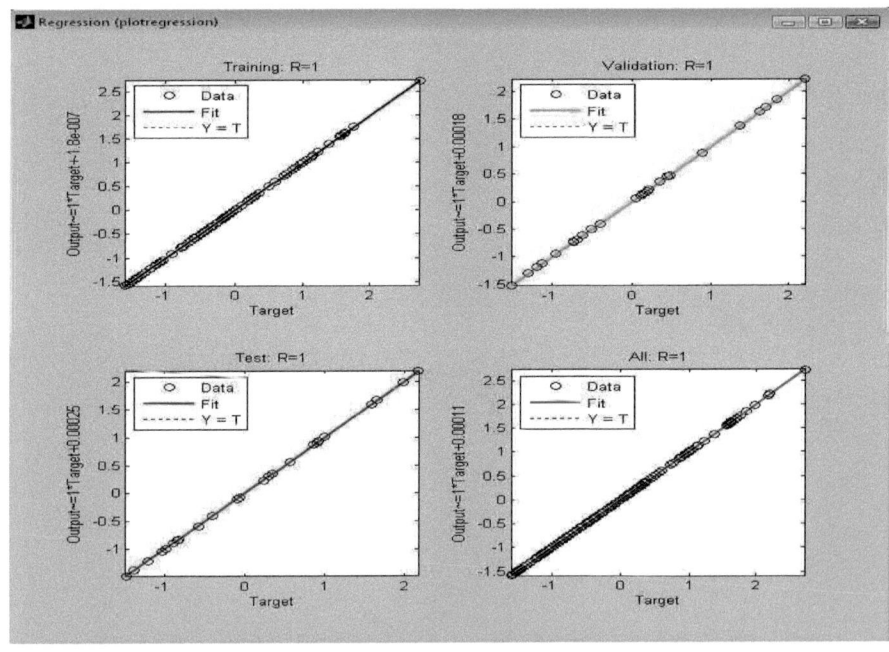

Figure A.5 : Régression du RNA REF à 15 neurones

Oui, je veux morebooks!

I want morebooks!

Buy your books fast and straightforward online - at one of the world's fastest growing online book stores! Environmentally sound due to Print-on-Demand technologies.

Buy your books online at
www.get-morebooks.com

Achetez vos livres en ligne, vite et bien, sur l'une des librairies en ligne les plus performantes au monde!
En protégeant nos ressources et notre environnement grâce à l'impression à la demande.

La librairie en ligne pour acheter plus vite
www.morebooks.fr

VDM Verlagsservicegesellschaft mbH
Heinrich-Böcking-Str. 6-8   Telefax: +49 681 93 81 567-9   info@vdm-vsg.de
D - 66121 Saarbrücken   www.vdm-vsg.de

Printed by Books on Demand GmbH, Norderstedt / Germany